Début d'une série de documents en couleur

SOCIÉTÉ D'ENCOURAGEMENT
POUR L'INDUSTRIE NATIONALE
Fondée en 1801
RECONNUE COMME ÉTABLISSEMENT D'UTILITÉ PUBLIQUE PAR ORDONNANCE DU 21 AVRIL 1824
Rue de Rennes, 44, à Paris

40e

ÉTUDES EXPÉRIMENTALES DE TECHNOLOGIE INDUSTRIELLE

LE CLOU

PAR

M. CH. FREMONT
124, rue de Clignancourt. — Paris, XVIIIe

EXTRAIT DES *BULLETINS* DE FÉVRIER, MARS, AVRIL, MAI, JUIN 1912

PARIS
TYPOGRAPHIE PHILIPPE RENOUARD
19, RUE DES SAINTS-PÈRES, 19

1912

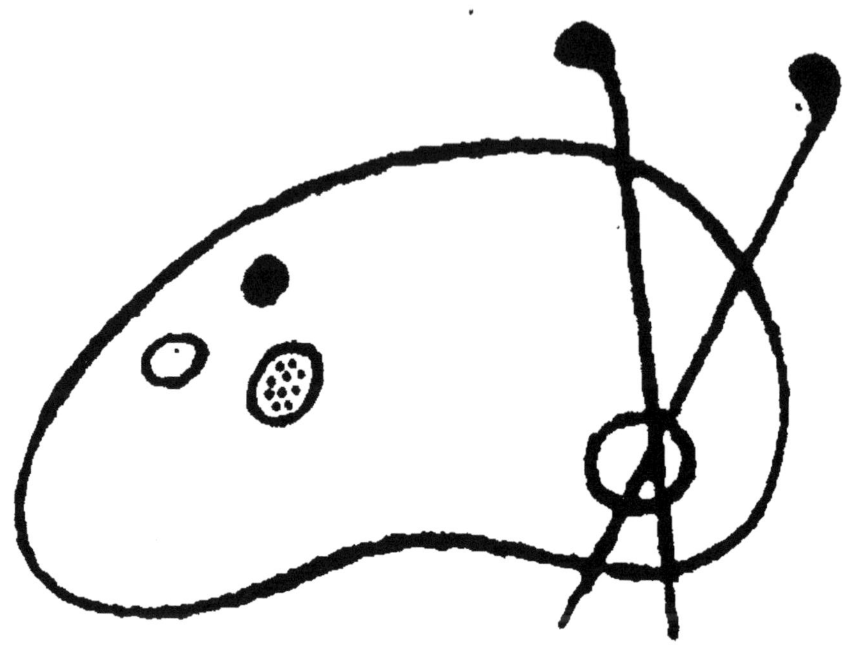

Fin d'une série de documents
en couleur

ÉTUDES EXPÉRIMENTALES DE TECHNOLOGIE INDUSTRIELLE

LE CLOU

SOCIÉTÉ D'ENCOURAGEMENT
POUR L'INDUSTRIE NATIONALE
Fondée en 1801
RECONNUE COMME ÉTABLISSEMENT D'UTILITÉ PUBLIQUE PAR ORDONNANCE DU 21 AVRIL 1824
Rue de Rennes, 44, à Paris

ÉTUDES EXPÉRIMENTALES DE TECHNOLOGIE INDUSTRIELLE

LE CLOU

PAR

M. CH. FREMONT
Rue de Clignancourt, 124
PARIS

EXTRAIT DES *BULLETINS* DE FÉVRIER, MARS, AVRIL, MAI, JUIN 1912

PARIS
TYPOGRAPHIE PHILIPPE RENOUARD
19, RUE DES SAINTS-PÈRES, 19

1912

ÉTUDES EXPÉRIMENTALES DE TECHNOLOGIE INDUSTRIELLE

LE CLOU

§ 1. — LE CLOU. — SON UTILISATION. — SON ORIGINE. — LE CLOU D'OS. LE CLOU DE MÉTAL. — LES GRANDS CLOUS. — LES CLOUS GALLO-ROMAINS

Définition et modes d'utilisation du clou. — Littré définit ainsi le clou : « sorte de petite cheville de fer ou d'autre métal, à pointe et à tête. »

Il ajoute :

« Enfoncer des clous avec le marteau. »

« Pendre quelque chose à un clou. »

ce qui distingue les deux façons différentes d'utiliser le clou : tantôt il est enfoncé complètement et maintient rapprochés les corps qu'il traverse ; tantôt il est encastré, c'est-à-dire enfoncé partiellement et la partie extérieure est destinée à servir de support.

Étymologie. — Le mot clou vient du latin *clavus*, qui signifie clou, cheville, rivet.

Origine du clou. — L'origine du clou remonte aux temps préhistoriques et bien avant l'existence de toute métallurgie; on sait en effet que, dès l'*époque magdalénienne* (1), l'homme primitif utilisait les os des animaux qu'il se procurait pour sa nourriture. Ces os, entiers ou brisés, servaient parfois d'armes et

(1) Pour les temps antérieurs à l'Histoire, nous ne pouvons évaluer, même approximativement, la durée ou l'ancienneté des phénomènes. Pour dater l'existence d'objets découverts dans les fouilles, nous ne pouvons que mentionner la couche géologique qui les contenait. Comme l'ordre de superposition des terrains est connu, nous nous y référons. Parmi les objets de même sorte trouvés dans des endroits différents, les plus anciens sont ceux qui sont trouvés dans les terrains de plus ancienne formation. Les préhistoriens ont admis, au moins provisoirement, la classification suivante : *l'Age de la pierre* (qui a précédé l'âge du bronze et l'âge du fer) a été divisé en deux *périodes* : la période néolithique et la période paléolithique, la plus ancienne. Puis, comme ces périodes sont très longues, on les a divisées elles-mêmes en *époques* auxquelles on a donné des noms dérivés des localités où les fouilles ont

souvent d'outils : marteaux, ciseaux, gouges, perçoirs, poinçons, aiguilles à coudre, etc.

Une esquille d'os de dimension appropriée, voilà le premier clou (fig. 1).

L'ethnographie confirme le fait. On sait que l'homme, dans son évolution industrielle, suit *partout et toujours* le même chemin. Or il existe des peuples inférieurs qui, à l'époque récente où on les a découverts, utilisaient des os pour clouer. Ainsi chez les Groenlandais, au XVIIIe siècle, Cook a constaté que (1) :

« Les murailles sont tapissées ou garnies en dedans de vieilles peaux qui ont servi à couvrir des tentes ou des bateaux, et qu'on attache avec *des clous faits de côtes de veau marin.* »

Mais une esquille d'os, même de fortes dimensions, ne peut supporter le choc nécessaire pour la faire pénétrer dans un morceau de bois, aussi on ne s'en servait que pour *clouer des peaux* sur des murailles de claies ou de pisé. Les branches et les morceaux de bois qui devaient être réunis pour faire des radeaux, des abris, etc., par exemple, étaient maintenus solidaires par des lianes, des joncs, des lanières de cuir, etc.

Ainsi Cook dit aussi : « Les poutres des constructions des Groenlandais, aux XVIIe et XVIIIe siècles, étaient assemblées avec des *bandes de cuir* et soutenues de poteaux (p. 271). » Ailleurs (2) on nous dit que : « Pour traverser les rivières et les bras de mer, les Tasmaniens se servent de radeaux ou catimarons formés de troncs d'arbres assemblés et réunis ensemble au moyen de traverses plus menues assujetties par des *liens d'écorce.* »

John Lubbock fait remarquer (3) : « que les Indiens Chonos, qui, sous tant de rapports, ressemblent aux indigènes de la Terre de Feu, ont des canots beaucoup mieux faits. Ces derniers se composent de planches généralement au nombre de cinq : deux de chaque côté, et une au fond. Le long des bords de chaque planche il y a des petits trous, à environ un pouce de distance les uns

amené les types considérés comme classiques. En allant des temps les moins anciens aux plus anciens, nous avons pour la période paléolithique de l'ère quaternaire :

1° L'époque magdalénienne de La Madeleine à Tursac (Dordogne);
2° — solutréenne de Solutré (Saône-et-Loire);
3° — moustérienne de Le Moustier, à Peyzac (Dordogne):
4° — acheuléenne de Saint-Acheul (faubourg d'Amiens, Somme);
5° — chelléenne de Chelles (Seine-et-Marne).

Dans ces quatre dernières époques, les plus anciennes, on n'a trouvé que des silex taillés; à la fin de l'époque solutréenne et surtout à l'époque magdalénienne, on a rencontré des os ayant été travaillés et utilisés.

(1) *Abrégé de l'Histoire générale des voyages*, par de la Harpe, Paris, 1780, t. XVIII, p. 272.
(2) *Voyage pittoresque autour du Monde*, publié par Dumont d'Urville, t. II, p. 338.
(3) John Lubbock, *l'Homme préhistorique*, t. II, p. 213.

des autres. *Les planches sont assujetties avec des lianes* et les trous comblés avec une sorte d'écorce réduite par le battement à l'état d'étoupe. »

Ainsi, à cause de leur fragilité, l'emploi des clous d'os a été excessivement limité; mais il est vraisemblable que, dès le début de la métallurgie, le métal, à la fois plus résistant et plus ductile que l'os, fut employé pour la confection de clous moins fragiles.

Les figures 2 à 5 montrent des clous de cuivre ou de bronze découverts dans les ruines de Troie par Henri Schliemann; voici la description qu'il en donne dans son livre *Ilios*, p. 641 (1):

« Dans les poutres carbonisées du temple A, j'ai trouvé de très grands clous de cuivre, dont plusieurs ont le poids énorme de 1 190 grammes. Ils étaient sans doute employés dans la boiserie de la terrasse et dans les parastades. Comme on le voit dans la figure 2, ils sont quadrangulaires, se terminent en pointe et ont à l'autre bout une tête en forme de disque, qui a été moulée séparément du clou et ajustée dessus. »

« Je représente ici (fig. 3 et 4) deux de ces clous qui ont perdu leurs têtes. J'ai ramassé aussi quelques grands clous avec une tête en forme de marteau, qui avait été moulée avec le clou et en faisait partie; j'en représente un (fig. 5). »

Ces clous de cuivre ont environ 25 centimètres de longueur, les tiges sont carrées et ont 25 à 30 millimètres de côté; ils sont vieux de plus de trois mille ans, puisque Troie fut détruite douze siècles avant Jésus-Christ.

Fig. 1. — Esquille d'os (le clou préhistorique).

La figure 6 montre un grand clou en bronze d'origine inconnue et qui se trouve au cabinet des médailles sous le numéro 1945; il a maintenant une longueur de 245 millimètres, mais on voit que la pointe en a été cassée. Les figures 7 à 11 montrent, toujours au cabinet des médailles, une collection d'autres clous en bronze aussi anciens, mais de plus petites dimensions.

Les charpentiers romains utilisaient des clous en fer de grandes dimensions (*clavi trabales*): une fiche de fer trouvée à Luxeuil mesure 45 centimètres de longueur et la tête a 75 millimètres de diamètre. On cite souvent à ce sujet la représentation, sur la colonne Trajane, d'un soldat qui, construisant une

(1) Henri Schliemann, *Ilios*, p. 641

palanque, enfonce un clou de grandes dimensions. Mais il y a là une erreur que je crois utile de rectifier ; ce ne sont pas des clous sur lesquels frappent

Fig. 2 à 5. — Clous de cuivre très anciens (trouvés par Schliemann dans ses fouilles des ruines de Troie).

les deux soldats figurés sur la colonne Trajane, mais des outils et très probablement des ciseaux à bois avec lesquels ils arasent la palissade ou ajustent un assemblage, et voici d'où vient l'erreur :

Pietro Santi Bartoli (1635-1700) fit paraître en 1672 un ouvrage intitulé *Colonna Traiana*, dans lequel, à la

Fig. 7 à 11. — Clous en bronze anciens. (Cabinet des médailles, n° 1946.)

planche 12, il a dessiné, à la place des outils, deux clous de très grande longueur (fig. 12).

Fig. 6. — Grand clou en bronze (longueur actuelle 245 millimètres). (Cabinet des Médailles, n° 1945.)

Depuis cette époque les auteurs citent les clous de très grande

Fig. 12. — Gravure publiée en 1672 par P.-S. Bartoli à propos de la colonne Trajane, et représentant notamment deux soldats romains enfonçant de très grands clous.

Fig. 13. — Soldat romain enfonçant un grand clou (dessin donné par l'abbé Campion de Tersan en 1792).

dimension figurés sur la colonne Trajane.

Ainsi l'abbé Campion de Tersan donne la figure 13 (1).

Enfin W. Froehner, dans son magnifique ouvrage sur la colonne Trajane, publié en 1872, dit à la page 7 du texte : *Deux autres* (légionnaires) *consolident la charpente en y enfonçant des clous de la plus grande dimension*, répétant ainsi l'erreur commise par Bartoli exactement deux siècles auparavant ; et, ce qui est assez singulier, c'est qu'il donne (planches 40 à 42) les photographies que j'ai réunies fig. 14, et qui montrent bien les deux soldats qui travaillent le bois avec des ciseaux.

Mais s'il y a eu erreur commise relativement aux soi-disant grands clous de la colonne Tra-

(1) *Arts et Métiers des Anciens*, par l'abbé Campion de Tersan, Paris, 1792, pl. LV.

jane, il ne faut pas en conclure que les Romains n'utilisaient pas des clous de grandes dimensions.

Les figures 15 à 22 sont les photographies de grands clous en fer de la muraille gauloise Murceins; le plus grand clou (nº 15471) a 40 centimètres de

Fig. 14. — Photographie de la partie surmoulée de la colonne Trajane correspondant au dessin (fig. 12) et montrant que ce sont des ciseaux à bois et non des clous sur lesquels frappent les deux soldats.

longueur et sa grosseur au collet est de 15 millimètres × 15 millimètres.

La figure 23 donne la photographie de longues fiches de charpenterie trouvées récemment par M. Laville, l'une dans une carrière d'Arcueil, mêlée à des poteries gallo-romaines, l'autre dans les fouilles d'une construction 15, rue Gay-Lussac, à Paris ; cette dernière se trouvait à 11 mètres de profondeur en dessous du sol, dans un puits comblé de déblais gallo-romains.

La première, d'une seule pièce, sans la pointe qui a été rompue, a encore 80 centimètres de long; la seconde, en six fragments, a une longueur totale

Fig. 15 à 22. — Clous en fer de la muraille gauloise Murceins, commune de Gras (Lot). Fouilles Castagné. — Musée de Saint-Germain. — Napoléon III donateur.

d'environ 1 mètre; la tête a environ 60 millimètres de diamètre, le collet est à section carrée d'environ 25 millimètres de côté; plusieurs des morceaux ont encore des fibres de bois restées adhérentes, notamment la pointe (fig. 24).

Ces grandes longueurs de la tige du clou impliquent la nécessité de creuser

Fig. 23. — Longues fiches de charpenterie gallo-romaines. (Trouvaille de M. Laville.)

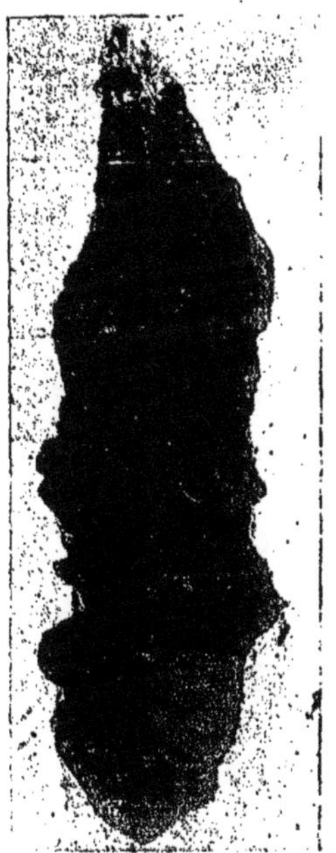

Fig. 24. — Pointe d'une fiche de charpenterie (fig. 23) sur laquelle sont restées adhérentes les fibres de bois.

un trou préalablement à l'enfoncement au marteau, d'abord pour éviter de faire

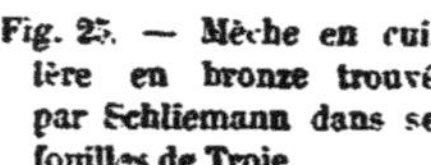

Fig. 25. — Mèche en cuillère en bronze trouvée par Schliemann dans ses fouilles de Troie.

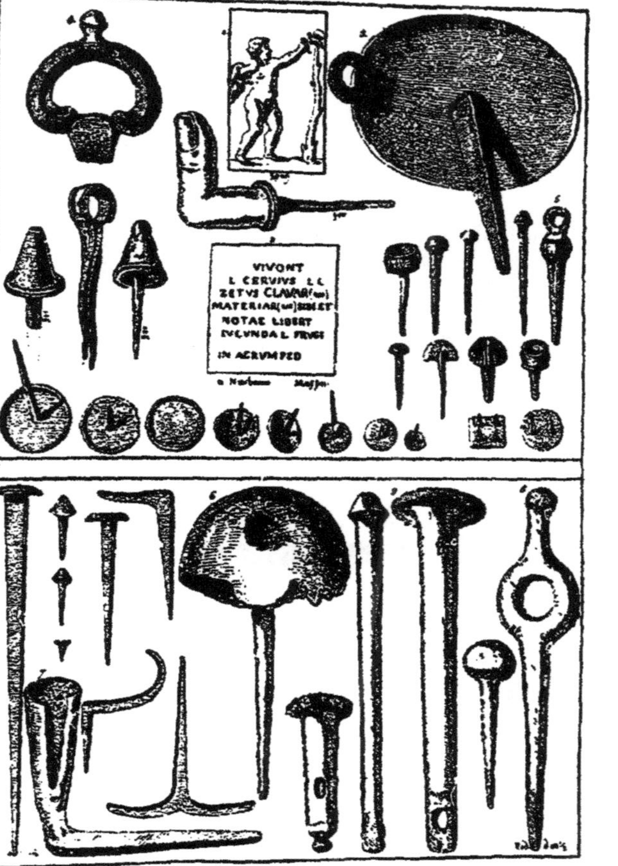

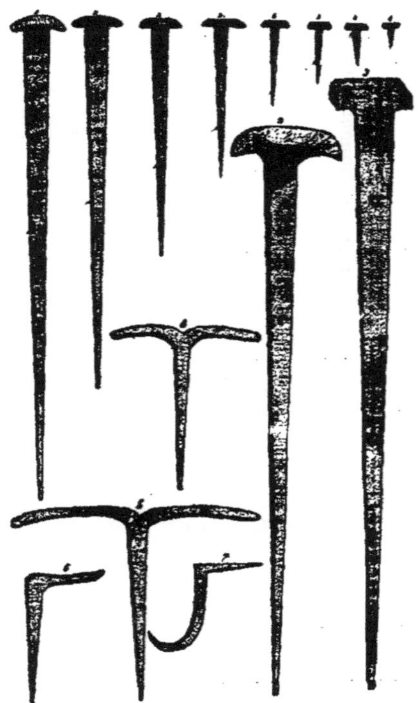

Fig. 26 et 27. — Clous gallo-romains provenant des fouilles du Châtelet par Grignon (reproduction des gravures publiées par l'abbé Campion de Tersan).

fendre le bois et surtout pour ne pas risquer de cintrer par flambement la tige du clou.

M. Schliemann a trouvé dans les ruines de Troie une mèche en cuillère qu'il appelle vrille en bronze (fig. 25) et dont le diamètre est d'environ 18 millimètres; il est donc probable que les charpentiers utilisaient des mèches sem-

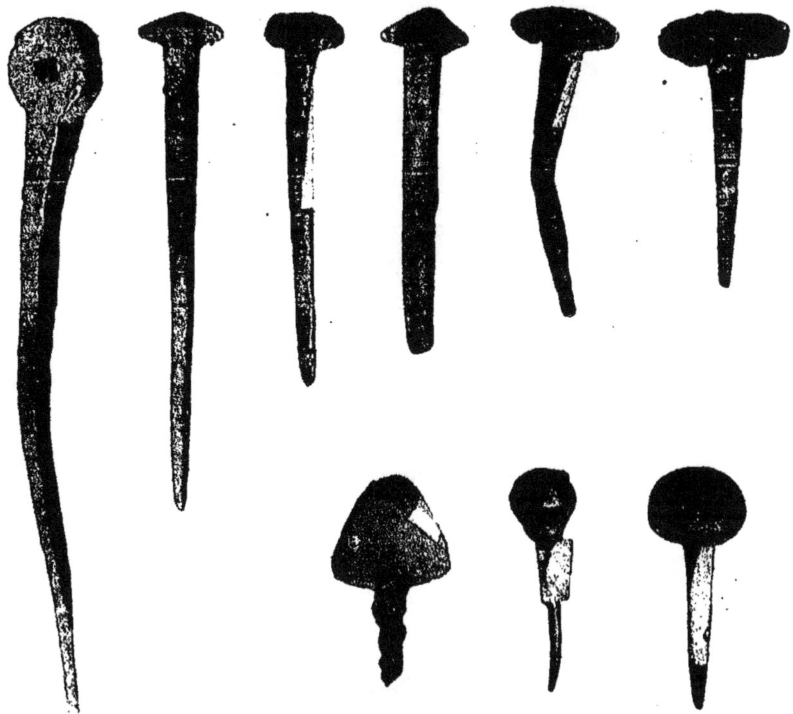

Fig. 28 à 36. — Clous antiques de formes diverses et de modes différents de fabrication. (Cabinet des médailles.)

blables et même plus grandes et plus grosses, pour amorcer des trous de passage à ces clous gigantesques.

Peut-être agrandissaient-ils ou prolongeaient les trous amorcés par une autre tige de fer de dimensions voulues et chauffée au rouge. Il y avait des clous gallo-romains de toutes grandeurs et de formes très variées.

Grignon, le savant métallurgiste du XVIIIe siècle, fit des fouilles dans une villa romaine située au Châtelet, près de sa forge de Bayard, entre Saint-Dizier et Joinville, en Champagne.

Dans le *Bulletin* de ces fouilles faites par ordre du Roi et publié en 1774, Gri-

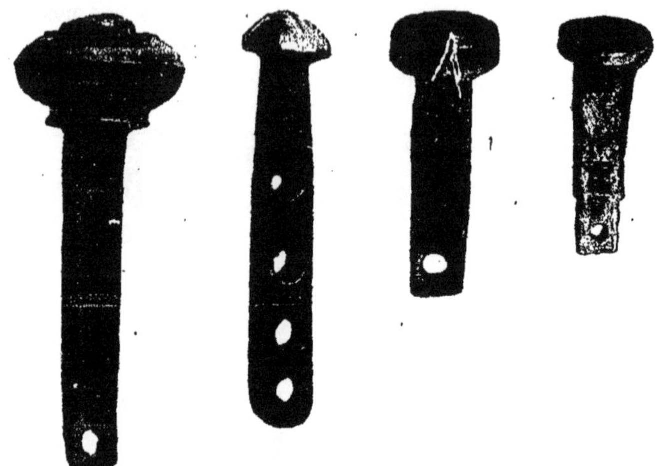

Fig. 37 à 40. — Boulons à goupille conique. Type précurseur du boulon à vis et à écrou. (Cabinet des médailles.)

gnon nous donne le détail des objets découverts et, à propos des clous, il dit (p. 34) : « Des cloux de toutes les grandeurs et de toutes formes.

Fig. 41 à 43. — Spécimens de boulon à clavette pointue. Type précurseur du boulon à vis et à écrou. (Cabinet des médailles.)

« Des broches de clouterie, depuis trois pouces jusqu'à dix-huit de longueur, à tête ronde ou quarrée, applatie ou en masse, pyramidale unie ou à pans.

« Des clous à crochet, arrondis ou pliés à angle droit.

« Des clous à soufflet, à double tête très alongée. »

Grignon ne donne pas de figures ; mais, après sa mort, l'abbé Campion de Tersan fit graver environ 130 planches in-folio représentant les objets découverts par Grignon dans ses fouilles et les fit imprimer en 1792 sous le titre : « Arts et Métiers des anciens ».

Ce même ouvrage a été réimprimé en 1819, mais sous le nom de Grivaud de la Vincelle.

Les figures 26 et 27 sont la reproduction, en réduction, des deux planches n°s 50 et 51, gravées par les soins de l'abbé Campion de Tersan, et relatives aux clous qui nous intéressent.

Les figures 28 à 36 montrent quelques-uns des clous analogues, de formes diverses et de modes différents de fabrication, qui sont conservés au Cabinet des médailles.

Les figures 37 à 40 sont les photographies de boulons à goupille conique, qui permettent un serrage plus énergique que par l'adhérence du clou pointu.

Les figures 41 à 43 montrent les boulons à clavette pointue.

A l'époque gallo-romaine, la vis était connue (1); mais le boulon à vis et à écrou n'existait pas encore; pour obtenir un serrage gradué, comme dans le cas figuré ici : d'une tête de compas, on employait ce boulon, dont l'enfoncement progressif de la clavette pointue permettait d'obtenir avec précision le serrage nécessaire, comme nous l'obtenons aujourd'hui par le filetage de l'écrou. Ces boulons à goupille conique et à clavette pointue sont les précurseurs du boulon à vis et à écrou.

Les clous représentés sur les figures 26 à 40 ont été fabriqués de différentes façons. Les uns, de bronze, ont été fondus, et parfois la tête a été fondue séparément et rapportée sur la tige; d'autres, de fer, et c'est le plus grand nombre, ont été forgés.

Fig. 44. — Sac à clous des Egyptiens (d'après Wilkinson).

(1) *Revue de mécanique*, mai 1910 (p. 420). Ch. Fremont, *Origine de la vis et de l'engrenage*.

§ 2. — LE CLOU OBJET DE CROYANCES SUPERSTITIEUSES DE LA PART DES ANCIENS (1)

Dans l'antiquité, planter un clou (*clavum figere*) était un acte auquel une croyance générale attachait une idée de préservation, en même temps qu'on y voyait le symbole de ce qui était désormais nécessaire et irrévocablement fixé.

Le clou était un attribut des divinités du destin. C'est ainsi qu'Horace le met dans la main de la Nécessité ; sur un beau miroir étrusque, on voit la Parque Atropos tenant d'une main un marteau et de l'autre le clou qui va marquer l'heure inévitable où Méléagre doit mourir ; dans un cert in nombre de monu-

Fig. 45 et 46. — Monnaie d'argent d'Agathocle (359-287 avant J.-C.). Tétradrachme du poids de 17gr,10. (Diamètre moyen 25 millimètres.) (Cabinet des médailles).

ments, le clou exprime un événement accompli et désormais immuable ; certaines pièces d'argent, monnaie d'Agathocle (359-287 avant J.-C.), montrent au revers la Victoire debout devant un trophée tenant de la main droite le marteau et de la gauche le clou (fig. 45) ; dans le champ triquètre (ou triscèle) emblème d'Agathocle.

Tite-Live rapporte que les anciens Romains n'avaient, pour annales et pour fastes, que des clous qu'ils enfonçaient au mur du temple de Minerve et que les Étruriens en fichaient à pareille intention dans les murs du temple de Nortia leur déesse. Tels furent les premiers monuments dont on se servit pour conserver la mémoire des événements, au moins celle des années.

Dans une cérémonie religieuse, aux ides de septembre, le dictateur ou un autre premier magistrat enfonçait un clou.

On avait encore coutume à Rome, dans les calamités pub 'ques, d'enfoncer

(1) Ce chapitre est en partie un extrait abrégé de l'article « Clou » du dictionnaire de Saglio.

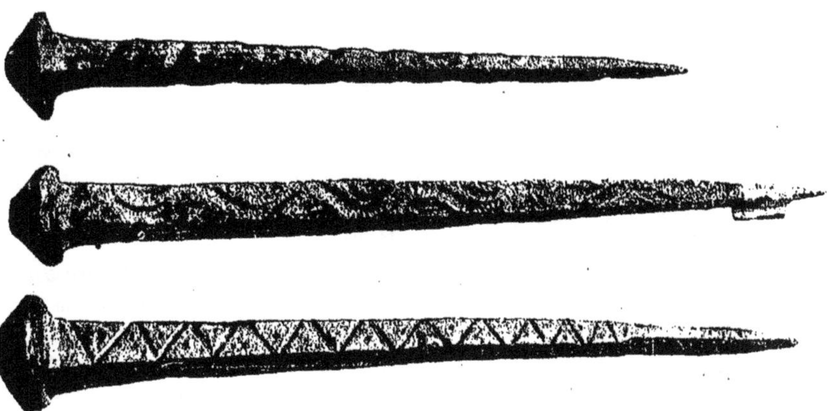

Fig. 52 à 54. — Clous magiques en bronze. (Cabinet des médailles.)

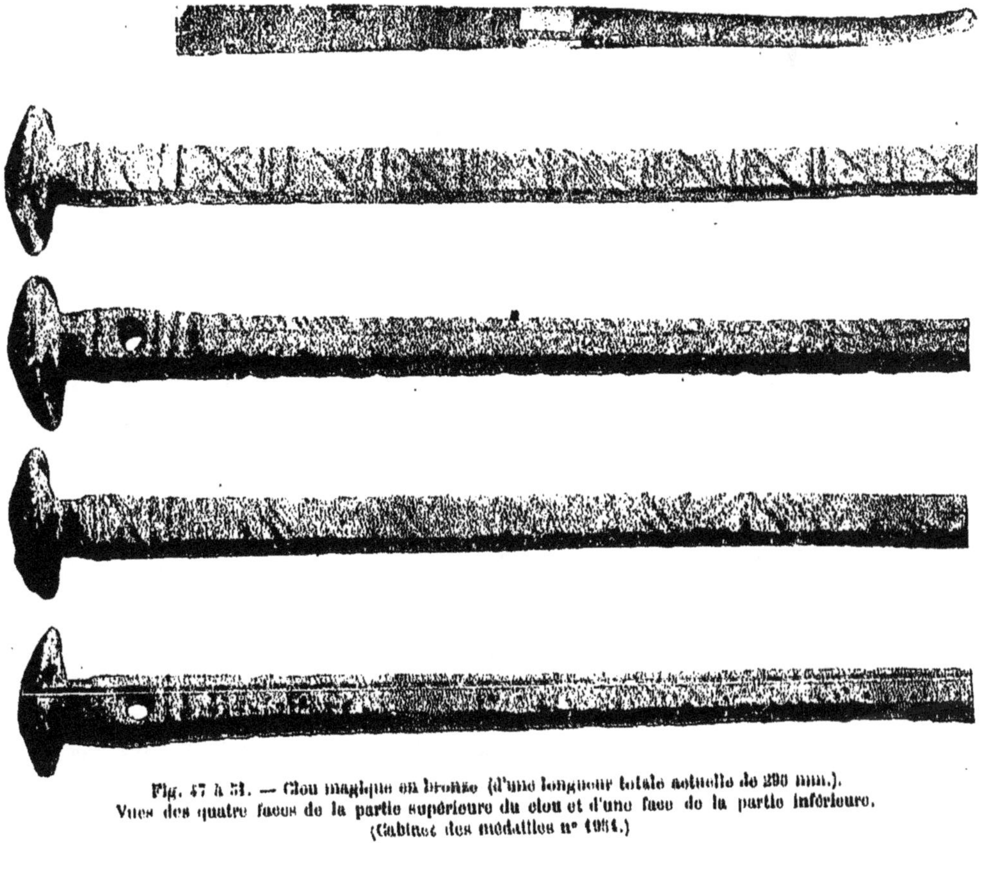

Fig. 47 à 51. — Clou magique en bronze (d'une longueur totale actuelle de 290 mm.).
Vues des quatre faces de la partie supérieure du clou et d'une face de la partie inférieure.
(Cabinet des médailles n° 1951.)

un clou dans le temple de Jupiter. Dans une peste qui désola la ville, le *clou sacré* fut placé par le dictateur et la contagion cessa.

Dans toutes les circonstances où cette cérémonie (*piaculum*) est rappelée par les historiens, à propos de crimes, de désordres, etc., elle a un caractère d'expiation pour le passé qu'elle clôt, et de préservation pour l'avenir dont elle marque le début.

Fig. 55. — Clou votif chaldéen avec inscription cunéiforme. (Cabinet des médailles, n° 865.)

D'après Pline : « une recette efficace pour arrêter le haut-mal est de planter un clou de fer à la place où la tête du malade a frappé lorsqu'il est tombé pour la première fois » et « on réussira aussi à repousser les visions nocturnes et effrayantes, en fichant sur le devant de sa porte des clous arrachés d'un sépulcre » (Livre XXXIV).

La même recette est donnée par divers auteurs contre les maladies, les enchantements, etc.

C'est encore la même croyance qui a fait placer dans les tombeaux ces clous que l'on y a si souvent trouvés : quelquefois ils sont chargés de figures bizarres pour nous qui ne les comprenons plus (*clous magiques*) ou d'inscriptions contenant des formules qui devaient ajouter à leur vertu.

Ces clous devaient défendre contre toute atteinte les restes enfermés dans le tombeau. On en a rencontré dans beaucoup de sépultures, même de l'époque chrétienne.

A Vercelli, une urne cinéraire avait été entièrement entourée de clous dans l'intention manifeste de la protéger.

Les figures 47 à 54 montrent quelques-uns de ces *clous magiques* conservés au Cabinet des médailles.

Ces croyances remontent évidemment à une très haute antiquité, car on retrouve des *clous votifs* en Chaldée (fig. 55).

Ces fac-similés de clous étaient des cônes de terre cuite qu'on plaçait généralement dans la partie basse des édifices chaldéens, sous le dallage ou vers le pied des murs, parfois dans le haut du bâtiment. Ils étaient logés dans une petite niche ménagée au milieu du mur par la suppression d'une brique. Le texte gravé sur ces cônes est commémoratif et religieux (1).

§ 3. — LE CLOU FABRIQUÉ A LA MAIN ET A CHAUD

Comme nous l'avons vu plus haut, pour la plus grande partie, les clous gallo-romains étaient forgés.

Le fer, généralement de section carrée choisie de grosseur appropriée à la

Fig. 56. — Clouière gallo-romaine trouvée par Grignon au Châtelet (Haute-Marne). (Musée de Saint-Germain n° 49 838.)

Fig. 57. — Clouière gallo-romaine trouvée à Annecy (Haute-Savoie). (Musée de Saint-Germain, n° 8 630.)

dimension que devait avoir le clou, était chauffé à son extrémité dans un foyer de petite forge jusqu'à ce qu'il eût atteint la température du *blanc soudant;* puis, sur une petite enclume, l'ouvrier le martelait rapidement en ayant soin de le forger et de le contreforger, c'est-à-dire en frappant alternativement sur les *côtés contigus*, pour n'élargir que peu à la fois sous le choc du marteau et éviter de rendre le métal *pailleux*. Ensuite, coupant la barre à une distance suffi-

(1) Perrot et Chipiez, *Histoire de l'Art dans l'antiquité*, t. II, *Chaldée et Assyrie*, p. 330.

sante de la pointe qu'il venait de forger pour réserver le volume de métal néces-

Clauicularius. Der Nagler.

COnficio validos de ferri robore clauos,
Ritè quibus figas quicquid vbiq́ lubet.
Siue placet magnus tibi, siue minoribus vti,
Res quibus includas, contineasq́ tuas.

Huc ades & clauos de grandibus emptor aceruis
Accipe, pro nummis quos cupis esse tuos.
Siue domo quicquam vigil ædificabis in alta,
Ostia clauiculis claudere siue voles.
Effigiem capient hypocausta vel arcta receptam,
Vsus in his clauis non tibi vilis erit.

I 4 Circi-

Fig. 58. — Le cloutier au XVIe siècle d'après Jost Amman (1568).

Fig. 59. — Ouvrier charpentier clouant l'un des deux manches d'une écope. (Agricola, *De re metallica*, 1556.)

Fig. 60. — Ouvrier clouant un soufflet de forge. (Agricola, *De re metallica*, 1556.)

saire à la confection de la tête, le cloutier façonnait celle-ci en refoulant au marteau ce métal supplémentaire qui émergeait de la clouière dans laquelle le clou était enfoncé.

La figure 56 montre *une clouière à main pour faire des petits clous*, trouvée par Grignon, ainsi qu'il l'annonce page 164 de son Bulletin des fouilles du Châtelet (Haute-Marne).

Cette clouière en fer a 145 millimètres de hauteur, la table carrée à 65 mil-

Fig. 61. — Le cloutier au XVIIe siècle (d'après Sandrart).

limètres de côté; elle devait servir à forger des petits clous de 5 à 6 millimètres de côté.

La figure 57 montre une autre clouière gallo-romaine provenant d'Annecy. La hauteur est de 205 millimètres, la longueur totale de la table et des bigornes est de 150 millimètres et la largeur de la table de 55 millimètres.

Ce procédé de forgeage du clou n'a pas sensiblement changé jusqu'au commencement du XIXe siècle. La figure 58 est la reproduction d'une gravure de Jost Amman donnant un atelier de cloutiers en 1568. On voit la clouière analogue aux clouières gallo-romaines (fig. 56 et 57), légèrement modifiée par l'adjonction d'une queue qui permet de la fixer solidement sur le billot; des trous de dimensions graduées sont percés dans la bigorne, qui sert ainsi de

Fig. 62. — Le cloutier au XVIIIe siècle. Boutique d'un cloutier en 1763. (Encyclopédie : le Cloutier grossier.)

LA vignette ou le haut de la Planche repréſente la boutique d'un cloutier.

Fig. 1. Ouvrier qui met ſon fer au feu.
2. Ouvrier qui forge la lame ou le corps d'un clou.
3. Ouvrier qui a mis le clou dans la clouyere, pour en faire la tête.

a, *b*, *c*, *d*, billot du cloutier, avec tous ſes outils.
a, le billot.
b, le pié d'étape.
c, la clouyere.
d, la place.
e, la tranche.
t, *v*, poîles.
f, petite enclume.
g, marteau.
h, forge.
i, *k*, *l*, *m*, *n*, *o*, le ſoufflet avec ſon équipage.
p, *q*, le manteau de la cheminée ſuſpendu par les tringles de fer *rs*, *rs*.
x, paquets de fer.
y, *y*, auge plein d'eau.

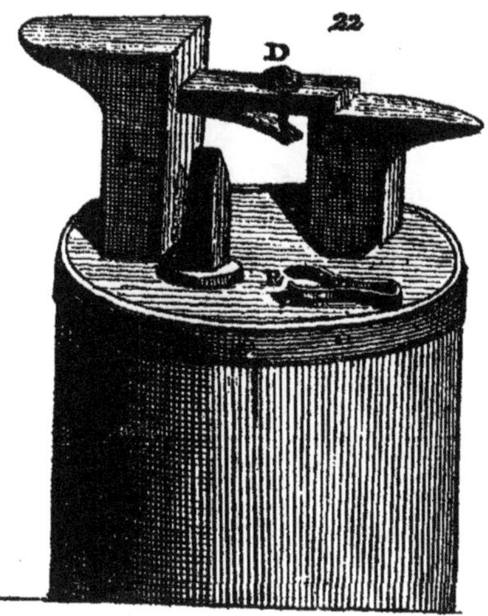

22. Billot monté de toutes les pieces.
A, pié d'étape.
B, place.
C, ciſeau ou tranche.
D, clouyere.
E, pince.

25. Clou rompu dans la clouyere.
A, pié d'étape.
B, place.
D, Clouyere avec le clou rompu.
26. Clou dans la clouyere, la tête prête à être faite.

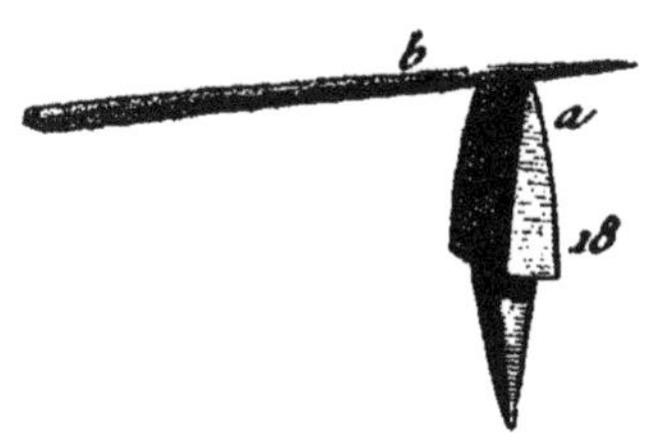

18. Tranche ou ciſeau.
a, la tranche.
b, la baguette à couper.

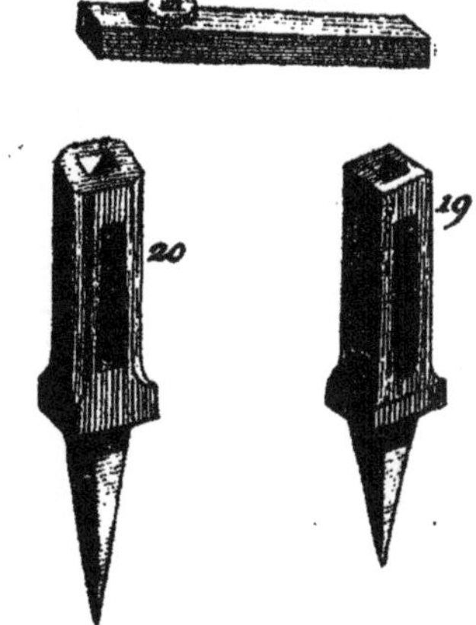

15. Clouyere à clou.
19 & 20. Clouyeres à chevilles.

Fig. 63 à 69. — Outillage du cloutier au XVIIIe siècle.

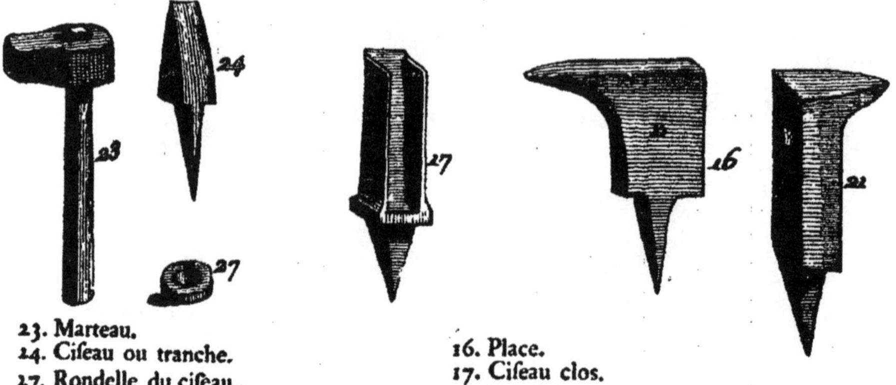

Fig. 70 à 75. — Outillage du cloutier au XVIIIe siècle.

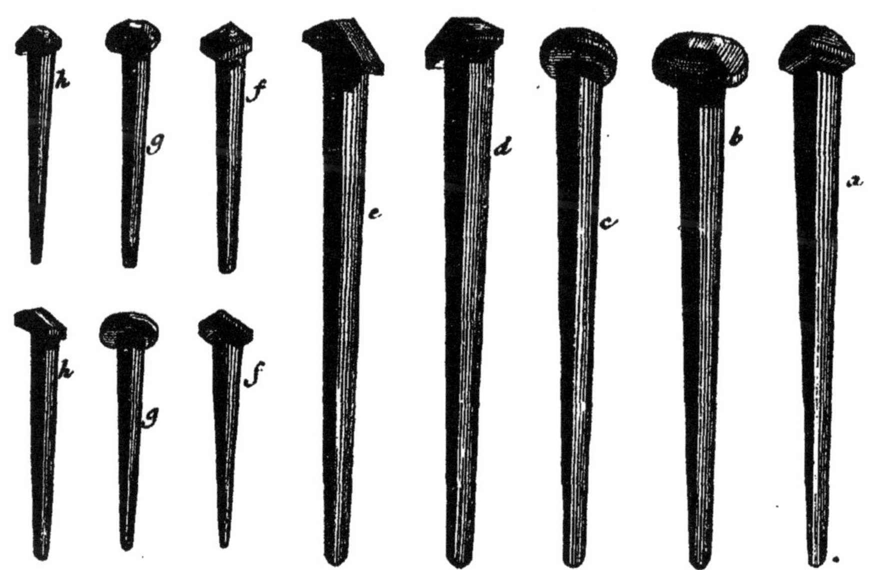

a, *b*, *c*, *d*, *e*, fiches ou fichenards.
f, *f*, clous ou chevilles à tête de diamant.
g, *g*, clous ou chevilles à tête ronde.
h, *h*, clous ou chevilles à tête rabattue.

Fig. 76 à 86. — Divers types de clous forgés au XVIIIe siècle.

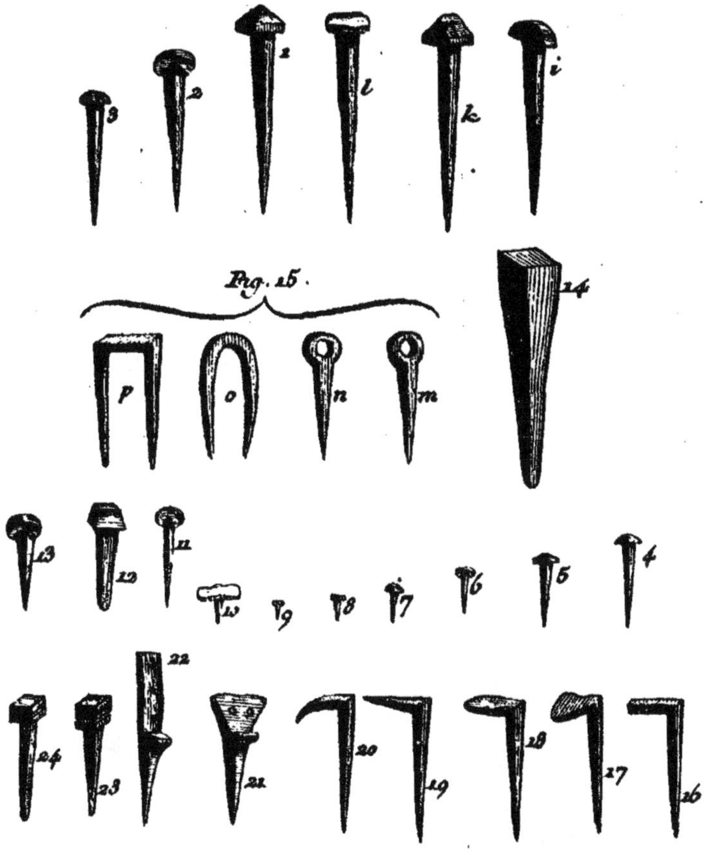

i, clou de 18, à tête rabattue.
k, clou de 18, à tête ronde.
l, clou de 18, à tête plate.
1. Diamant.
2. Clou de quatorze.
3. Clou de dix.
4. Clou de ſix.
5. Clou de quatre.
6. Clou de deux.
7. Clou à latte.
8. Clou de tapiſſier.
9. Clou à bouche.
10. Clou à ſoulier.
11. Clou à river.
12. Clou de cheval.
13. Clou de ſerrurier à bande.
14. Clou de roue.
15. *m*, *n*, *o*, *p*, pitons.
m, piton à tête ronde.
n, autre piton.
o, piton à deux pointes.
p, crampon.
16. Gond.
17. Bec de canne.
18. Bec de pigeon.
19. Clou à crochet ou havet.
20. Clou à crochet pour ciel de lit.
21. Patte.
22. Patte longue.
23. Clou à trois têtes.
24. Clou à deux têtes.

Fig. 87. — Clous de formes spéciales, forgés au XVIIIe siècle (Encyclopédie).

plusieurs clouières ; un tranchet est fixé verticalement tout auprès pour couper la barre à la longueur voulue.

Les figures 59 et 60, extraites du classique *De re metallica* d'Agricola (1556) nous montrent des ouvriers clouant au XVIe siècle.

La figure 61 nous montre la boutique d'un cloutier au XVIIe siècle.

Enfin, pour le XVIIIe siècle, nous sommes très documenté par l'Encyclopédie qui nous donne toute l'installation du cloutier et sa technique par ses outils. Nous lui empruntons les figures suivantes : (fig. 62) la boutique du cloutier au XVIIIe siècle ; (fig. 63 à 75) procédé de forgeage du clou et détail des outils ; (fig. 76 à 87) divers types de clous forgés à cette époque.

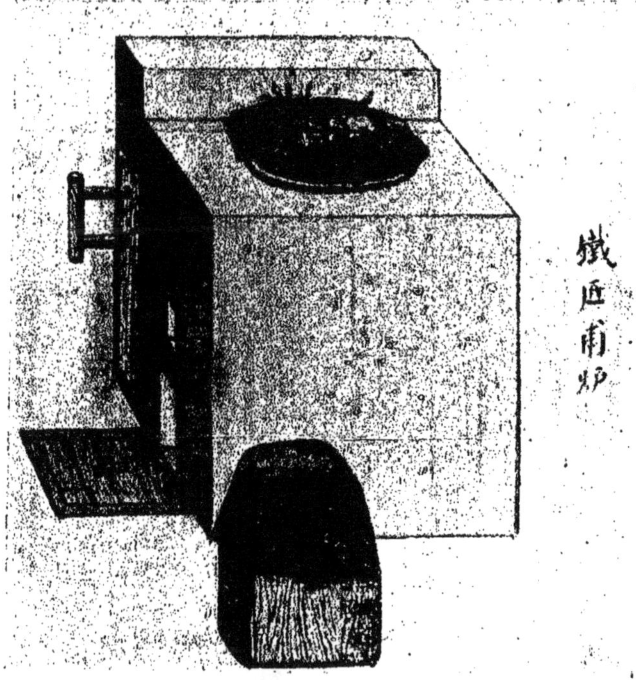

Fig. 88. — Fourneau de cloutier chinois.

§ 4. — LE CLOU FABRIQUÉ A LA MAIN ET A FROID

Si le clou de grandes dimensions ne peut être facilement fabriqué qu'à chaud, le clou de petites dimensions peut être économiquement produit à froid.

La tige du clou est alors prise dans du métal tréfilé. L'ouvrier en coupe un morceau d'une longueur déterminée, refoule une des extrémités pour faire la tête, et appointit l'autre pour la rendre aiguë, par des procédés de fabrication semblables à ceux qui sont utilisés pour la fabrication de l'épingle ; c'est d'ailleurs là l'origine du nom de « clou d'épingle ». L'épingle (du latin *spinula*, petite épine) était à l'origine une petite épine à la tige rigide, à pointe aiguë, ce

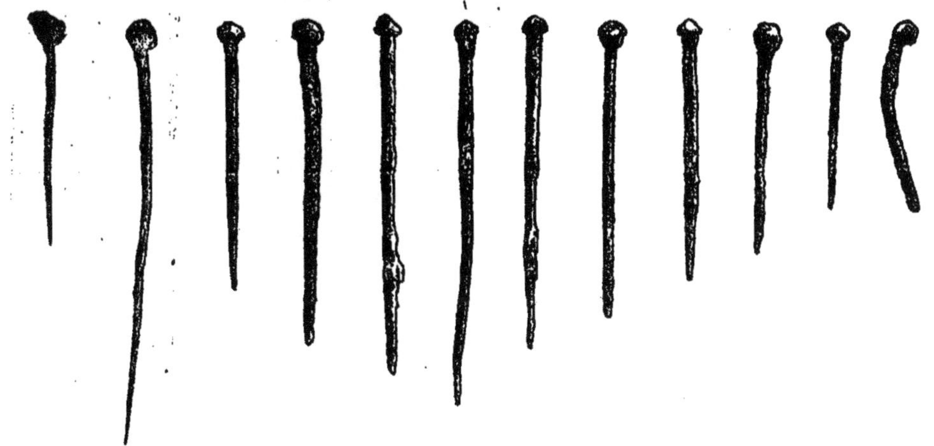

Fig. 89. — Épingles faites d'épines (Trocadéro n° 13442).

Fig. 90 à 99. — Broches primitives (trouvées par Schliemann dans les ruines de Troie).

qui en facilite la pénétration, et à la tête renflée, ce qui répartit la pression sur une plus grande surface du doigt et par suite réduit dans la même proportion l'effort par surface élémentaire. La figure 89 montre des épines qui servaient encore récemment d'épingles dans le Finistère (Musée d'ethnographie du Trocadéro).

Les premiers métallurgistes se sont inspirés de la forme de l'épingle donnée par la nature et en ont fabriqué de même forme, tantôt par fusion du métal dans un moule, tantôt en utilisant du même métal tréfilé, la tréfilerie existant déjà à des époques antérieures (fig. 90 à 99). Il est à remarquer que les procédés de fabrication de l'épingle et du clou en fil tréfilé ont toujours été analogues et, longtemps, les petits clous ont été fabriqués par les épingliers.

Clous d'épingles. Il y en a qui ſont de vraies épingles, groſſes & courtes. Les Epingliers en font avec du fil de fer ou de laiton ; la tête de ceux-ci eſt faite en rivant, avec le marteau, l'extrémité du fil de fer ou de cuivre : il y en a depuis une ligne de longueur juſqu'à un pouce & demi & plus.

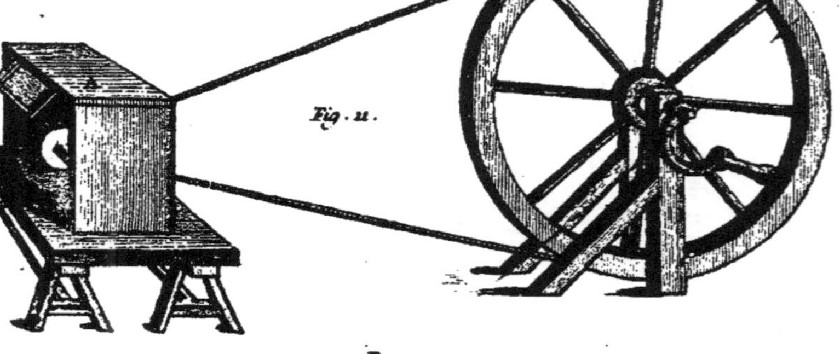

Fig. 100. — Engin ou dressoir du fil (Encyclopédie).

Fig. 101. — Disposition des broches du dressoir.

11. Rouet.
A, tabernacle.

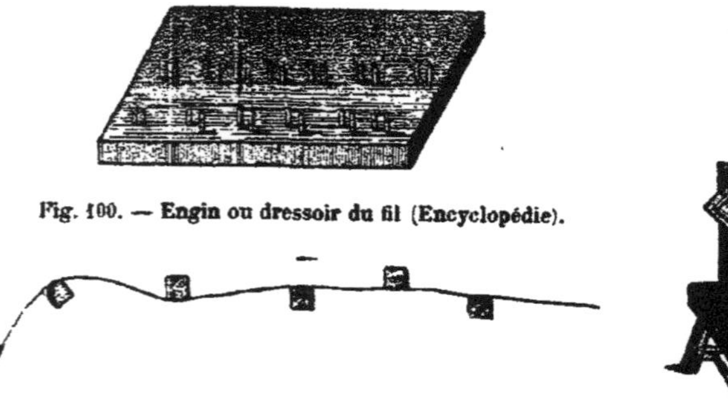

Fig. 102. — Trancheur de hanses pour petits clous (Encyclopédie).

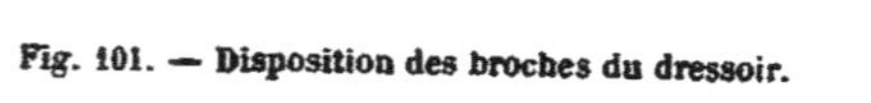

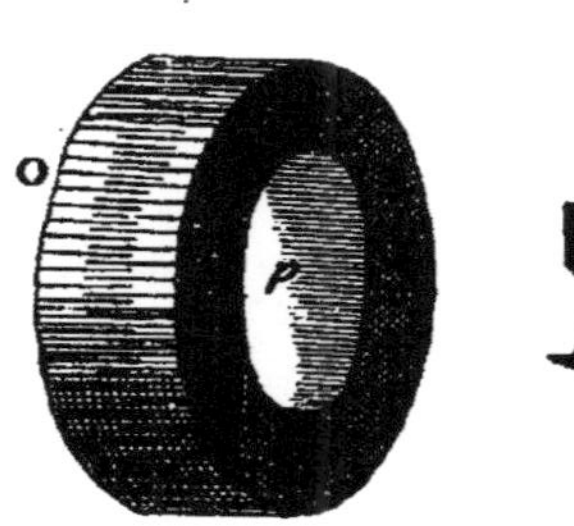

Fig. 103. — Meule en fer taillée, cémentée et trempée, servant à *empointer* les clous.

12. La meuloire vûe de face.
A, tabernacle.
b, garde-vûe.
1, 2, ſupports de la meule.
3, la meule.

Fig. 104 et 105. — Machine à *empointer* les clous (vue de côté fig. 104 et vue de face fig. 105) (Encyclopédie).

Ferchault *de Réaumur* (1683-1757) a tracé la technique de l'épinglier et son étude, complétée par Duhamel et par Perronet, a été publiée dans la seconde moitié du XVIIIe siècle par Messieurs de l'Académie.

Le fil de fer, livré en bottes ou écheveau, est dressé sur un *engin* ou *dres-*

Fig. 106. — Présentation des hanses à la surface de la meule.

Fig. 107. — Fabrication au marteau à main des têtes de clous d'épingles. (Art de l'épinglier, par Réaumur.)

seur (fig. 100). Ce dressage s'effectue par le passage du fil entre clous dont la position relative est donnée (fig. 101).

Le fil est ensuite coupé par tronçons d'environ 35 centimètres de longueur, et l'ouvrier *trancheur* (fig. 102) *rogne les dressées* pour faire dans chacune plusieurs *hanses* ayant la longueur déterminée pour la confection des clous.

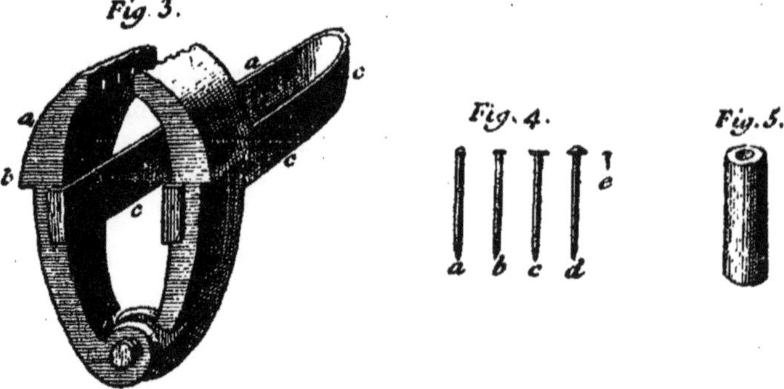

Fig. 108 à 110. — Petit outillage et spécimens de petits clous (fabrication au marteau à main).

Fig. 111. — Fabrication au marteau à pédale des têtes de clous d'épingles. (Art de l'épinglier, par Réaumur.)

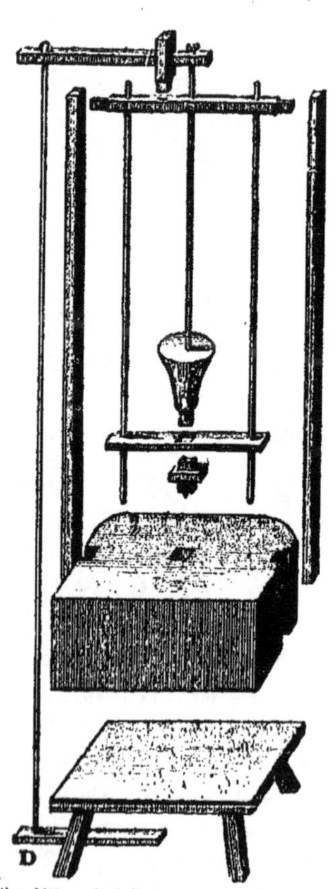

Fig. 112. — Détail du marteau à pédale.

La pointe des clous se fait, comme celle des épingles, en usant l'extrémité du fil métallique, coupé à longueur, sur une meule de fer dont la circonférence est taillée de *hachures parallèles à son essieu* (fig. 103) ; — c'est l'outil que nous appelons une fraise. — Cette partie extérieure de la meule de fer est cémentée et trempée. Les figures 104 et 105 montrent, d'après l'Encyclopédie, la machine à *empointer les clous* à l'aide de cette meule métallique taillée et trempée.

La figure 106 montre, d'après de Réaumur, la position des hanses tenues en contact les unes près des autres, dans les deux mains de l'empointeur

Il présente le bout des tronçons ainsi étalés sur la meule ; pendant qu'ils la touchent, le pouce de la main droite est continuellement en mouvement ; il va de droite à gauche, & revient de gauche à droite ; en allant il presse les tronçons, & les oblige à tourner chacun sur eux-mêmes, ce qui fait que la meule a successivement prise sur toute la circonférence de chacun. L'adresse est de retourner tous les tronçons également ; car c'est ce qui rend les pointes rondes & égales en longueur. Cette opération est faite en moins de temps que nous n'en avons mis à la décrire ; en moins d'un tour de la grande roue, les tronçons sont empointés par un bout.

Le refoulement du métal, pour produire la tête des clous, s'effectuait soit par etits coups successifs, au marteau à main, soit d'un seul coup de marteau à pédale, figures 107 à 112.

70 ART DE L'ÉPINGLIER.

Figure 2. Ouvriere qui frappe les têtes des clous d'épingles : *a*, sebille où sont les hanses empointées & coupées de longueur ; celles auxquelles elle a frappé la tête, tombent dans son tablier.

Figure 3. Mordant ou petit étau qu'on met dans un grand étau : *a a*, mâchoires du mordant qui sont creusées de petites gouttieres qui ont des dents pour mieux saisir les hanses : *b b*, les oreilles du mordant qui reposent sur les mâchoires de l'étau : *c*, ressort qui sert à ouvrir le mordant, quand on détourne la vis du grand étau.

Figure 4. *a*, Hanse qui n'a point de tête : les Ouvriers nomment ces hanses des pointes : *b*, clous pour les Cordonniers, qui n'ont que de très-petites têtes : *c*, clous pour les Sculpteurs & les Menuisiers, qui ont les têtes plus grandes : *d*, clous à tête ronde : *e*, clous pour les Gaîniers. On en fait qui n'ont que deux lignes, une ligne & demie ou même une ligne de longueur.

Figure 5. Poinçon d'acier qui a, à un de ses bouts, une cavité en forme de calotte : son usage est d'arrondir les têtes des clous.

§ 5. — FABRICATION MÉCANIQUE DU CLOU

L'idée de fabriquer des clous par machine et à froid paraît dater de la fin du XVIIIe siècle et être d'origine américaine : En 1795, Jacob Perkins et,

Fig. 113. — Machine de Stoltz pour fabriquer automatiquement les clous d'épingles (en 1855).
(Conservatoire des Arts et Métiers, n° 6324, salle n° 31.)

en 1811, Joseph Read prirent des patentes américaines pour des machines qui coupaient le fil et formaient en même temps la tête des clous (1).

Cette invention était, paraît-il, inspirée du procédé de fabrication mécanique des cardes.

Dès 1809, il existait à Birmingham, en Angleterre, un immense établissement où l'on fabriquait toutes sortes de clous à froid.

(1) *Bulletin de la Société d'Encouragement*, novembre 1820, page 305.

En mars 1811, le célèbre mécanicien américain James White, qui résidait à Paris, dans l'Hôtel de Bretonvilliers, à l'Ile Saint-Louis, fit breveter une machine qui saisissait le fil de fer verticalement entre deux disques circulaires crénelés, le coupait, le frappait à la tête et le taillait en sifflet à la pointe, *le tout en une seule passe.*

Mais, paraît-il, la machine de James White, plus ingénieuse que solide, ne

Fig. 114. — Machine de Dubos pour fabriquer automatiquement les clous d'épingles (modèle 1911).

put supporter la fatigue d'une fabrication permanente et ce n'est qu'en 1819 que, en France, MM. Lemire père et fils, maîtres de forges à Clairvaux près Lons-le-Saunier dans le Jura, fabriquèrent industriellement le clou d'épingle dit pointe de Paris.

Les procédés qu'employaient MM. Lemire étaient ceux qui avaient été brevetés, en 1806 par Japy frères, à Colmar, pour frapper les têtes des clous en fil de fer et des vis à bois; en 1809 par Degrand à Marseille; en 1810 par Learenwerth à Paris; en 1816 par Daguet à Paris, etc.

On cite encore les améliorations apportées, à la machine à pointes de

Paris, en 1822, par Laroche et Mounier à Paris, et Maillot fils à Lyon; en 1823 par Chevenier à Lyon; en 1825 par Bruyset à Paris.

En 1840, il existait à Paris plusieurs fabriques à la machine de clous d'épingles dits pointes de Paris; MM. Lenoble et Lambert, au quartier Popincourt; M. Fiantz, à La Villette, près Paris. A l'Exposition de 1844, Frey, mécanicien à Paris, exposait une machine à clous.

A l'Exposition de Londres en 1851, la section française montrait trois machines pour la fabrication mécanique et à froid des clous en fil de fer à tête plate, dits clous d'épingles ou pointes de Paris (1). Une de ces machines était de M. Frey et les deux autres de M. Stoltz, mécaniciens, à Paris. « Ces machines sont remarquables pour la célérité et l'extrême précision avec lesquelles les fils, de diverses grosseurs, s'y trouvent coupés de longueur, taillés en facettes planes à la pointe et refoulés par simple pression ou par choc à la tête, en vertu d'une succession rapide de mouvements automatiques obtenus au moyen d'un mécanisme à cames que précèdent des laminoirs alimentaires, suivis de pinces à griffes, de presses à fouloirs ou de marteaux à choc. »

A l'Exposition de Paris en 1855, à côté des machines à clous de Frey et de Stoltz, on vit la machine de Rabeau qui, d'après Urbain de la Grange, cédait bien peu à celle de ses concurrents.

La figure 113 est la photographie de la machine de Stoltz d'après un petit modèle datant de 1855 et exposé dans les galeries du Conservatoire des Arts et Métiers.

La figure 114 est la photographie de la machine construite actuellement par M. Fagette, successeur de Dubos qui avait établi son premier modèle en 1862 en s'inspirant de la machine de Rabeau; on voit ainsi la grande ressemblance entre la machine de Stoltz et celle de Rabeau.

§ 6. — OPÉRATIONS SUCCESSIVES EFFECTUÉES POUR FABRIQUER UN CLOU D'ÉPINGLE

La confection d'un clou d'épingle exige plusieurs opérations successives que l'on peut résumer de la manière suivante (2) :

1° Faire avancer le fil d'une quantité proportionnelle à la longueur du clou.

2° Le pincer vers le collet pour le maintenir solidement pendant l'opération suivante.

3° Former la tête de ce clou soit par compression statique, soit par choc.

4° Le couper de longueur et former la pointe.

(1) Rapport de M. le général Poncelet. — Exposition universelle de Londres, 1851, t. III, p. 93.

(2) La description très détaillée du fonctionnement des machines à clous a été donnée par Armengaud, dans la « Publication industrielle des machines, outils et appareils ». — T. II, 1842, machine Frantz, p. 410, pl. 35 et 36. — T. XXVIII, 1882, machine Dubos, p. 193, pl. 17.

5° Faire tomber le clou aussitôt terminé s'il ne tombe pas de lui-même.

Deux de ces opérations peuvent avoir une influence sur la qualité du clou, c'est le refoulement de la tête et l'empointage, il est donc nécessaire de les étudier.

§ 7. — ÉCRASEMENT DE LA TÊTE DU CLOU

L'écrasement des têtes des clous s'effectue, selon les types de machines, de deux façons différentes : soit brusquement, par pression dynamique instantanée; soit plus lentement, par pression graduée ou statique.

Dans les machines par choc, le travail disponible pour produire l'écrasement est accumulé dans un fort ressort qui se détend au moment propice et projette violemment le mouton percuteur sur l'extrémité de la tige de fil d'acier maintenue fortement serrée au collet.

Dans les machines qui agissent par pression statique l'effort gradué de compression nécessaire pour l'écrasement de la tête est donné par une came ou par une manivelle.

Pour la beauté du produit fabriqué, il importe que la tête du clou soit bien concentrique à l'axe de la tige, il y a là une petite difficulté à vaincre en pratique, parce que souvent, pendant l'écrasement, l'extrémité de la tige se cintre sous l'effort : elle « flambe »; et cet accident peut survenir même lorsque l'extrémité de la tige est bien dressée perpendiculairement à l'axe et, en fait, il survient d'autant plus facilement que cette extrémité est irrégulière.

Or, en pratique, l'extrémité du fil qui est refoulée a été coupée par deux tranchets diamétralement opposés et agissant ensemble; le bout du fil coupé a la forme d'un coin, ce qui favorise le glissement sous l'outil écraseur. Certains fabricants gravent la face agissante de ce presseur de lignes creuses parallèles et perpendiculaires en forme de damier pour rendre rugueuse la surface de frappe et empêcher la tige de flamber; mais cette disposition nuit à l'épanouissement du métal et exige un effort d'écrasement plus élevé.

Il est plus simple de mettre au centre du compresseur un petit creux rectangulaire ou même conique comme un coup de pointeau; dès le début de la compression, une légère aspérité qui se fait sur la tige, à l'endroit correspondant au creux ménagé dans le compresseur, suffit pour maintenir la tige en contact avec le presseur et l'empêcher de glisser.

En France, les fabricants de clous paraissent préférer les machines agissant par choc parce que leur réglage est plus facile.

Dans les machines à compression statique la course du compresseur doit être réglée avec la plus grande précision, sinon la tête du clou risque d'être insuffisamment formée, ou si, au contraire, elle est trop écrasée, il y a, sans parler de la défectuosité du produit, une plus grande dépense de travail, une usure exagérée, une déformation excessive des organes et parfois même leur rupture.

Les machines à choc donnent des clous à tête mieux centrée parce que le fil se couche moins sous l'effet rapide du marteau que sous le compresseur.

Le tableau (p. 372) donne les résultats d'expériences effectuées sur des fils

Tableau des grosseurs des fils d'acier, de leur poids et des numéros correspondants des jauges française et étrangères.

Diamètre du fil. mm.	Poids théorique de 100 mètres de fil. kg.	Numéros des jauges			
		de Paris.	allemande.	américaine.	anglaise.
0,5	0,153	P	5	24	25
0,6	0,220	1	6	23-22	24-23
0,7	0.300	2	7	21	22
0,8	0,392	3	8	20	21
0,9	0,496	4	9	19	20
1.0	0,612	5	10	18	19
1,1	0,741	6	11	17	19
1,2	0,882	7	12	16	18
1,3	1,035	8	13	16	18
1,4	1,200	9	14	15	17
1,5	1,378	10	15	15	17
1,6	1,568	11	16	14	16
1,8	1,984	12	18	13	15
2,0	2,450	13	20	12	14
2,2	2,964	14	22	11	14
2,4	3,528	15	24	10	13
2,7	4,465	16	27	10	12
3,0	5,512	17	30	9	11
3,4	7,080	18	34	8-7	10
3,9	9,316	19	39	6	9-8
4,4	11,858	20	44	5	7
4,9	14,706	21	49	4	6
5,4	17,860	22	54	4	5
5,9	21,321	23	59	3	4
6,4	25,088	24	64	2	3
7,0	30,012	25	70	1	2
7,6	35,378	26	76	1	1
8,2	41,184	27	82	0	1,0
8,8	47,432	28	88	0	00
9,4	54,120	29	94	00	00
10,0	61,250	30	100	000	000

d'acier à clous, à titre de renseignement sur l'écrasement des têtes de clous. Autrefois les clous étaient faits de fer puddlé, moins ductile que l'acier actuel, aussi les têtes des clous étaient souvent criquées; quand on a fait les premiers clous d'acier, les clients n'en voulaient pas parce qu'ils ne voyaient plus ces criques auxquelles ils étaient habitués.

L'acier tréfilé employé pour fabriquer ces clous est, toutes choses égales, d'une dureté d'autant plus élevée qu'il est tréfilé à une section plus réduite, puisque le tréfilage écrouit le métal.

Il faut donc s'attendre à trouver, pour le commencement de l'écrasement de la tête d'un clou, c'est-à-dire pour la limite d'élasticité à la compression, une résistance d'autant plus élevée que le diamètre du fil est plus faible puisqu'il est le plus écroui, quoique ayant subi plus de recuits successifs que le plus gros fil; c'est ce que l'expérience nous montre; aussi on voit, dans le tableau (p. 41) que la limite d'élasticité du fil à l'écrasement de la tête du clou est de 85 kilogrammes par millimètre carré pour le fil n° 13 et de 50 kilogrammes pour le fil n° 28.

Il est bien entendu que les chiffres trouvés dans ces expériences n'ont pas une valeur absolue, les aciers employés n'étant pas toujours absolument de la même nuance, ou ayant subi un plus ou moins fort écrouissage après le dernier recuit; c'est d'ailleurs pour cette raison que je n'ai fait porter les expériences que sur huit numéros de fil et non pas sur les trente grosseurs différentes des fils susceptibles d'être utilisés pour faire des clous et indiqués dans le tableau (p. 38).

§ 8. — DIAMÈTRES DES TÊTES DES CLOUS D'ÉPINGLES

Pour ne pas étendre cette partie annexe de l'étude du clou, je n'ai considéré que le clou à *tête ordinaire*. Mais il existe, pour chaque diamètre de clou, trois autres dimensions de têtes, qui ne sont, il est vrai, qu'exceptionnellement employées; ce sont la tête bâtarde, la tête large, la tête très-large. (Exemple les pointes à ardoises.)

Si le clou réunissait toujours deux morceaux de bois d'une épaisseur telle que la tige du clou soit à peu près également engagée dans chacun de ces deux morceaux, l'adhérence du clou dans le bois serait égale dans chaque morceau et la tête pourrait être aussi petite que possible; mais il se peut, et c'est assez le cas général, que la planche supérieure soit d'une épaisseur moindre que la moitié de la tige du clou et la tête augmente la résistance à l'écartement des deux planches. Le clou peut être destiné à maintenir un bois ou une matière beaucoup plus tendre, la largeur de la tête doit être d'autant plus grande; parfois on est conduit à mettre une rondelle, un feuillard, etc.

Dans les clouteries, les diamètres des têtes des clous sont déterminés d'après le numéro du fil de la tige du clou. Voici d'ailleurs la base suivant laquelle le diamètre de la tête est déterminé :

Le diamètre de la tête bâtarde correspond au diamètre du fil de 6 numéros plus élevés que celui de la tige.

Le diamètre de la tête ordinaire correspond au diamètre du fil de 8 numéros plus élevés que celui de la tige.

Le diamètre de la tête large correspond au diamètre du fil de 10 numéros plus élevés que celui de la tige.

Le diamètre de la tête très large correspond au diamètre du fil de 12 numéros plus élevés que celui de la tige.

Les numéros de la jauge allemande correspondent au diamètre du fil mesuré en dixièmes de millimètre.

Exemple. — Les clous faits avec le fil n° 20 de la jauge de Paris — fil de 4^{mm},4 de diamètre — peuvent avoir les quatre diamètres différents pour les têtes :

1°	Tête bâtarde	n° 20 + 6 =	au diamètre du fil	n° 26 =	7^{mm},6	de diamètre.
2°	— ordinaire	n° 20 + 8 =	—	n° 28 =	8^{mm},8	—
3°	— large	n° 20 + 10 =	—	n° 30 =	10 mm.	—
4°	— très large	n° 20 + 12 =	—	n° 32 =	12 mm.	—

§ 9. — TRAVAIL DÉPENSÉ DANS L'ÉCRASEMENT STATIQUE DES TÊTES DE CLOUS

La quantité de travail dépensée pour effectuer l'écrasement statique de la tête varie à peu près proportionnellement au volume du métal écrasé, en réalité

Fig. 115. — Diagramme de compression statique de la tête d'un clou d'épingle (fil n° 15 de 2^{mm},4). En abscisses : la course de l'outil amplifiée 20 fois. — En ordonnées : l'effort à raison de 43 kg. par mm. de hauteur.

il faut d'autant plus de travail pour une unité de volume élémentaire, que le diamètre du clou est plus petit, parce que l'effort maximum par millimètre carré de section du fil est lui-même d'autant plus élevé que le diamètre du clou est plus petit, ainsi qu'on le voit sur le tableau ci-dessous, l'épaisseur de la pièce écrasée a une influence sensible sur la résistance à l'écrasement du métal. Cette augmentation d'effort est causée par le frottement des faces en contact avec les outils.

Écrasement statique des têtes de clous.

N° du fil.	DIAMÈTRE DU FIL	SECTION DU FIL	LONGUEUR DE FIL pour faire la tête.	VOLUME DE MÉTAL de la tête.	DIAMÈTRE de la tête.	ÉPAISSEUR de la tête.	LIMITE D'ÉLASTICITÉ Totale.	LIMITE D'ÉLASTICITÉ Par mm² de section du fil.	EFFORT MAXIMUM Total.	EFFORT MAXIMUM Par mm² de section du fil.	TRAVAIL
	mm.	mm².	mm.	mm	mm.	mm.	kg.	kg.	kg.	kg.	kgm.
13	2 12	3 53	3	10 6	4 30	0 60	300	85 »	2300	650	2 5
15	2 60	5 31	4	21 2	5 50	0 90	430	81 »	2930	552	3 5
17	3 30	8 55	5	42 7	6 60	1 »	516	60 »	3870	452	6 »
20	4 40	15 20	7	106 4	9 »	1 50	860	57 »	8000	526	15 5
22	5 30	22 06	11	242 6	11 »	2 40	1200	54 50	10500	477	28 »
24	6 30	31 17	13	405 2	12 60	2 80	1520	49 »	14500	465	44 »
25	7 »	38 48	17	654 1	14 »	3 80	1935	50 »	15000	390	70 »
28	8 70	59 45	23	1367 3	17 50	5 50	2975	50 »	22000	370	150 »

On sait que dans l'écrasement statique d'un cylindre de métal, d'un crusher, la déformation se fait en *tonneau* (1), parce que la pression sur les bases du cylindre comprimé, empêche celles-ci de s'épanouir. Ce retard à l'épanouissement augmente au fur et à mesure que l'épaisseur du crusher diminue, il s'ensuit que, plus l'éprouvette de métal à écraser est mince, et plus l'effort, pour produire un écrasement donné par surface élémentaire, est élevé.

Je donne figure 115, à titre de spécimen, un des diagrammes de compression statique de la tête de clou.

§ 10. — TRAVAIL DÉPENSÉ DANS L'ÉCRASEMENT PAR CHOC DES TÊTES DE CLOUS

La quantité de travail nécessaire pour effectuer le même écrasement par choc ne m'a pas paru différer très sensiblement de celle qui a été trouvée aux essais d'écrasement statique.

(1) *Revue de métallurgie*, juin 1904. — Ch. Frémont, *Mesure de la pression maximum instantanée résultant d'un choc*, p. 320.

On sait cependant que pour produire une même déformation le choc dépense

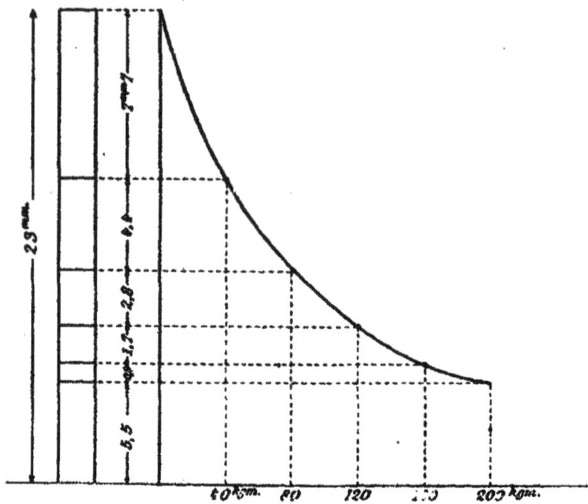

Fig. 116. — Graphique des écrasements successifs pour faire la tête d'un clou de 8mm,7 de diamètre, au choc d'un mouton de 10 kg. tombant à chaque coup d'une hauteur de 4 mètres. — En ordonnées : la hauteur du fil après chaque écrasement (amplifiée 5 fois). — En abscisses : la quantité de travail à raison de 11 mm. par coup de mouton de 40 kgm.

Fig. 117. — Attaque macrographique de la coupe diamétrale d'une tête de clou montrant la genèse du refoulement du métal.

en général plus de travail que la compression statique (1) ; s'il n'en est pas ainsi

(1) Ch. Fremont. *Mesure de la pression maximum instantanée résultant d'un choc.* — *Revue de métallurgie*, juin 1904.

pour le clou, c'est probablement qu'il intervient un phénomène d'inertie ; j'ai en effet constaté que dans les essais d'écrasement statique, la tige est plus fortement gonflée au collet dans la clouière que dans les essais dynamiques, ce

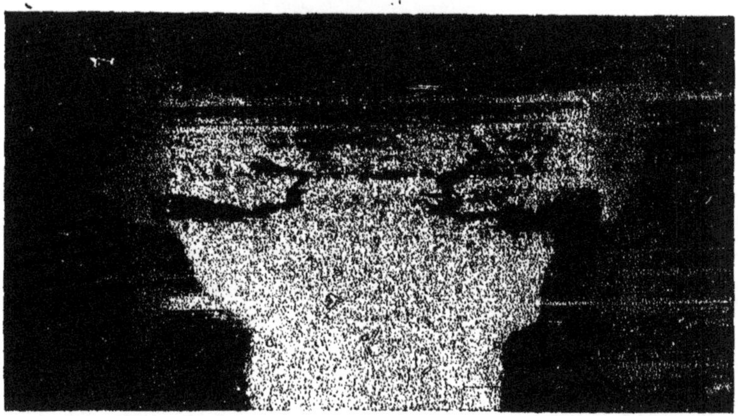

Fig. 118 et 119. — Attaques macrographiques de la coupe diamétrale d'une tête de clou rompue, montrant la genèse de cette rupture.

qui explique la dépense relativement moindre dans l'écrasement par choc de la tête du clou.

La figure 116 donne le graphique des écrasements successifs de la tige émergeant de la clouière (fil N° 28 de 8mm,8 de diamètre), après chaque coup d'un mouton de 10 kilogrammes tombant d'une hauteur de 4 mètres. Cinq de ces coups de mouton, soit en tout 200 kilogrammètres, ont été donnés pour effectuer l'écrasement dynamique; l'écrasement statique avait été de 150 kilogrammètres; mais dans l'écrasement dynamique, par suite du phénomène d'inertie signalé, il y a eu un peu moins de gonflement au collet et la tête a été obtenue un peu plus large, elle avait 18mm,30 de diamètre au lieu de 17mm,50.

Pour se rendre compte de la manière dont se refoule le métal dans l'écrasement de la tête du clou, il faut faire une coupe d'un clou en fer et en attaquer la surface polie par un réactif approprié; les clous de fer ne sont plus guère dans le commerce, mais les clous en acier contiennent souvent, par suite de la ségrégation du métal après la coulée du lingot, des impuretés que le laminage et le tréfilage ont distribuées en couches parallèles.

La figure 117 montre une attaque macrographique d'une tête de clou effectuée dans ces conditions; les traces de la ségrégation de l'acier permettent de comprendre comment s'est fait le refoulement.

Et cette genèse du renflement par refoulement permet de concevoir comment se rompent les têtes des clous (fig. 118 et 119), comme celles des rivets en fer (1) se rompent suivant des plans de schistosité.

§ 11. — RÉSISTANCE A LA RUPTURE DE LA TÊTE DES CLOUS

Il importe de savoir si le mode de refoulement de la tête, par pression statique ou par choc, a une influence sur la résistance de cette tête.

J'ai pris des clous de 4mm,4 (fil. n° 20), fabriqués les uns par choc, les autres par pression; j'ai limé la tête sur deux côtés opposés pour n'avoir qu'une bande au lieu d'un cercle, et j'ai essayé ces bandes de têtes à la flexion, en les plaçant de façon que leurs extrémités fussent maintenues par deux points d'appui toujours également espacés, le poinçon agissant au milieu.

La figure 120 montre les diagrammes obtenus dans quelques-uns de ces essais de flexion.

La limite élastique, ce qui est évidemment le plus important, reste à peu près la même dans ces divers essais, et la résistance à la rupture est généralement un peu plus élevée pour les têtes obtenues au choc si toutefois cette petite différence n'est pas due simplement à une différence de qualité des métaux respectifs.

§ 12. — EMPOINTAGE DES CLOUS

Les premières machines fabriquant à froid le clou d'épingle effectuaient l'*empointage* à l'aide de fraises à axe fixe ou mobile, comme dans l'ancienne

(1) Ch. Fremont, *Étude expérimentale du rivetage*, Paris, 1906. — *Mémoire* publié par la Société d'Encouragement.

C C P P

Fig. 120. — Diagrammes d'essais de flexion de têtes de clous fabriquées les unes par choc, les autres par pression statique. — En ordonnées : l'effort à raison de 7 kg. par millimètre de hauteur. — En abscisses, la flèche amplifiée 100 fois.

Fig. 121-122. — Pointe carrée faite sur fil carré.
Fig. 121, avec la bavure.
Fig. 122, après détachement de la bavure.
(Grossissement : 5 diamètres.)

Fig. 123-124. — Pointe carrée faite sur fil rond.
Fig. 123, avec la bavure.
Fig. 125, après détachement de la bavure.
(Grossissement : 5 diamètres.)

Fig. 125-126. — Pointe conique sur fil rond.
Fig. 125, avec la bavure.
Fig. 126, après détachement de la bavure
(Grossissement : 5 diamètres.)

fabrication de l'épingle (fig. 103 à 106) ; telles étaient les premières machines de Stoltz, de E. Philippe, etc. (1).

Mais l'usure de la tige cylindrique suivant une forme conique s'effectuant ainsi par l'enlèvement successif de petites parcelles métalliques, était un obstacle à la production intensive. Un industriel d'Orléans, M. Lacroix Saint-Clair, imagina, paraît-il, de faire la pointe en forme de pyramide en tranchant d'un seul coup à l'aide de deux couteaux d'acier diamétralement opposés.

La partie tranchante de chacun de ces deux couteaux se compose de trois arêtes, dont l'une se trouve dans une direction perpendiculaire à celle du fil de fer qu'elle doit couper pour détacher le clou fabriqué, et les deux autres

Fig. 127. — Couteau pour pointe carrée (5 diamètres).

Fig. 128. — Couteau pour pointe conique (5 diamètres).

arêtes découpent l'extrémité du clou en lui donnant une forme pyramidale, à base quadrangulaire ou carrée ; l'angle au sommet de deux faces opposées de cette pointe étant de 40°.

Dans sa description, Armengaud ajoute : « Cette forme paraît de beaucoup préférable à celle conique que l'on employait généralement dans le commerce ; elle facilite l'entrée du clou dans le bois et ne tend pas autant à fendre celui-ci. »

Il paraît que le succès dans la clientèle commerciale fit répandre cette forme de pointe qui devint à la mode. Cette mode est passée depuis longtemps, et si parfois des pointes de Paris ont une pointe à base carrée, ce n'est qu'une exception ; la forme la plus généralement adoptée aujourd'hui est la forme conique.

Dans mes essais, comme nous le verrons plus loin, la pointe carrée ne m'a pas paru moins fendre le bois que la pointe conique ; et si réellement les

(1) Armengaud aîné, *Publication industrielle des Machines-outils et Appareils*, t. II, Paris, 1842, page 410.

praticiens de l'époque ont cru remarquer cet avantage, il est très probable qu'il résultait plutôt d'une moindre acuité de l'angle au sommet comparativement à celui des pointes fraisées, — l'influence de l'acuité de la pointe étant grande à cet égard.

Les figures 121 à 126 montrent comment s'effectue l'empointage à l'aide des couteaux tranchants avec pointe carrée ou pointe conique sur fil carré et sur fil rond.

Pour chacun des trois cas, les photographies montrent la tige empointée avant et après le détachement de la bavure.

Le tranchage a été effectué lentement sous une presse afin de relever en

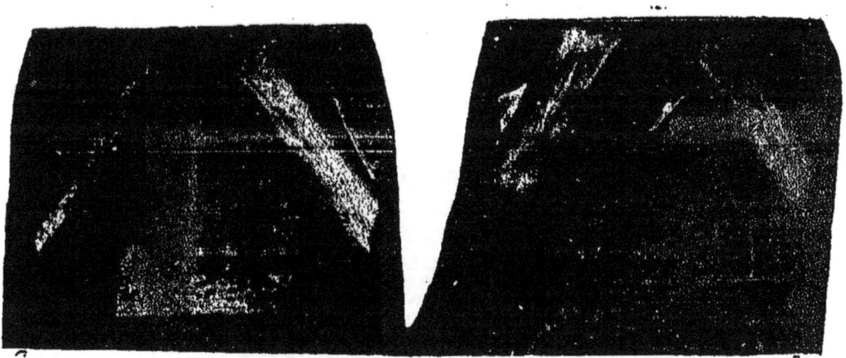

Fig. 129. — Couteau à taille dégagée (5 diamètres).

Fig. 130. — Couteau à taille bourrue (5 diamètres).

même temps le diagramme du travail dépensé dans l'opération et d'évaluer l'effort maximum nécessaire.

Dans la pratique, le tranchage est effectué par la machine fonctionnant à grande vitesse, aussi les pointes sont-elles tranchées beaucoup plus nettement et l'effort est moindre, parce qu'il intervient dans l'opération un phénomène d'inertie.

Les diagrammes obtenus doivent donc être considérés comme étant des maximum.

La figure 127 montre un couteau spécial pour faire la pointe carrée, et la figure 128, un couteau pour pointe conique.

Pour une même sorte de couteau, on emploie tantôt une taille *dégagée*, tantôt une taille *bourrue*.

Les figures 129 et 130 montrent ces deux genres de taille qui diffèrent par l'acuité de l'angle de coupe. Le couteau à taille bourrue exige une plus grande pression, pour produire le même travail, que le couteau à taille dégagée ; mais l'usure est moindre. La figure 131 montre les diagrammes obtenus pour tran-

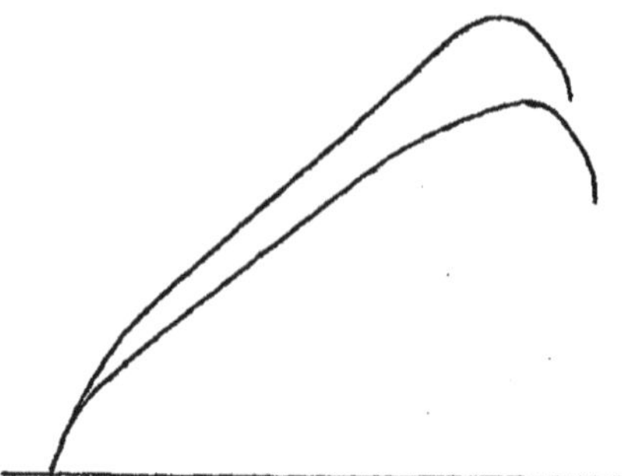

Fig. 131. — Diagrammes du tranchage de la pointe effectué sur un même fil n° 22 de 5mm,30 avec des couteaux : 1° à taille bourrue qui exige le plus grand effort; 2° à taille dégagée qui exige le moins d'effort. En abscisses : la course de l'outil amplifiée 10 fois; en ordonnées : l'effort à raison de 85 kg. par millimètre de hauteur.

Fig. 132. — Attaque macrographique de la coupe diamétrale d'une pointe de clou montrant la déformation du métal consécutive au cisaillement (5 diamètres).

cher une pointe d'un fil d'acier de 5mm,30 (n° 22), avec des couteaux :
1° à taille bourrue ; c'est le diagramme qui indique le plus grand effort ;

2° à taille dégagée nécessitant un effort moindre. Le rapport des deux efforts maximum est environ comme 4 est à 5.

La figure 132 montre une attaque macrographique de la coupe longitudinale de la pointe du clou ; l'attaque macrographique de la tête du même clou a été donnée figure 117.

Il est utile pour les constructeurs de machines à clous de connaître, au moins approximativement, les efforts nécessaires pour effectuer le tranchage des pointes des clous, ne serait-ce que pour calculer les dimensions des diverses pièces de leur machine et leur donner une résistance suffisante sans en exagérer les dimensions.

Il est bien entendu que ces efforts enregistrés ne sont qu'approximatifs, puisque certains facteurs ici négligés les influencent ; nous avons dit qu'une vitesse de l'opération plus rapide permettait de faire des pointes plus unies, mieux finies et avec un effort plutôt moindre. Il faut aussi tenir compte de l'acuité de l'angle de coupe et de l'état d'usure de l'arête tranchante, de la dureté de l'acier du fil et de son degré d'écrouissage ; l'effort pour empointer les petits clous est relativement plus élevé par unité de section élémentaire du fil ; quand l'acier est peu ductile il se rompt prématurément avec un effort un peu moindre, etc.

§ 13. — EFFORT ET TRAVAIL NÉCESSAIRES POUR EFFECTUER LE TRANCHAGE DE LA POINTE DES CLOUS D'ÉPINGLES

L'effort par millimètre carré de section du fil est plus élevé quand le fil est petit, mais à partir du fil n° 20 de $4^{mm},40$, l'effort est à peu près régulièrement égal à 170 kilogrammes par millimètre carré de section transversale du fil à trancher.

Le tableau suivant donne les résultats des essais statiques effectués pour trancher la pointe des clous d'épingles de diverses sections.

Numéro. Jauge de Paris.	Diamètre du fil. millim.	Section du fil. millim. car.	Effort de cisaillement. Total. kilog.	Effort de cisaillement. Par mm² kilog.	Course de l'outil. millim.	Travail dépensé kilogrammètres.
13	2,12	3,53	920	260	2,00	0,9
15	2,60	5,30	1 325	250	2,25	1,5
17	3,30	8,55	1 715	200	3,00	2,5
20	4,40	15,20	2 580	170	3,70	4,8
22	5,40	22,90	3 900	170	4,50	8,8
25	7,00	38,50	6 500	170	6,00	19,0
28	8,80	60,80	10 200	170	7,50	38,0
30	10,00	78,50	13 500	170	8,50	57,5

§ 14. — NOUVEAU LEVIER DYNAMOMÉTRIQUE ENREGISTRANT LE TRAVAIL DÉPENSÉ PAR UNE MACHINE-OUTIL ACTIONNÉE PAR MOUVEMENT CIRCULAIRE

Les essais précédents ont indiqué les efforts et les quantités de travail nécessaires pour écraser les têtes et pour trancher les pointes des clous ; mais dans l'exécution du clou par la machine, il y a de plus grands efforts développés et une plus grande quantité de travail dépensé par suite d'opérations supplémentaires, tel le serrage des griffes, et des frottements des divers organes. Il est donc utile de connaître le diagramme du travail dépensé pendant le cycle de rotation de l'arbre de commande de la machine fabriquant le clou, pour savoir si les écarts entre le travail indiqué par les expériences précédentes et le travail dépensé en pratique ne sont pas excessifs et par suite étudier s'il ne serait pas possible de les réduire afin d'augmenter le rendement de la machine-outil.

Fig. 133. — Levier dynamométrique enregistrant le travail dépensé, monté sur une machine à faire les clous.

Pour obtenir ce résultat j'ai imaginé un levier dynamométrique qui permet de tracer exactement le travail dépensé pendant le cycle de rotation de l'arbre de commande de la machine essayée.

La figure 133 montre ce levier dynamométrique calé sur l'arbre de commande d'une machine à clous.

La figure 134 est la photographie de la partie avant de ce levier.

La figure 135 est la photographie des parties centrale et arrière.

Fig. 134. — Levier dynamométrique ; détail de la poignée et des ressorts mesureurs de l'effort.

On voit à l'extrémité du levier, à droite de la figure 134, deux arbres se traversant et venus de forge perpendiculaires l'un à l'autre : un de ces arbres sert d'axe à deux ressorts antagonistes, comprimés chacun par moitié ; l'autre

Fig. 135. — Levier dynamométrique ; détail de l'enregistreur.

arbre sert de manette double pour le maniement. Quand l'opérateur appuie sur cette manette il entraine le levier par l'intermédiaire des ressorts dont l'un, celui qui reçoit la pression, se comprime proportionnellement à l'effort qu'il transmet ; pendant que l'autre ressort se détend ; l'effort peut ainsi être transmis dans un sens ou dans l'autre, par conséquent l'arbre moteur de la machine essayée peut être entraîné à volonté dans un sens ou dans l'autre.

Un fil métallique, attaché à l'extrémité mobile d'un des ressorts, passe sur des galets et va tirer le crayon qui trace la courbe du travail par un diagramme circulaire, les coordonnées polaires indiquent les efforts transmis par les ressorts. Deux autres crayons, montés aux extrémités de deux traverses qui les maintiennent à un écartement constant, tracent deux circonférences concentriques à l'axe de rotation pour servir de lignes d'abscisses.

Ces deux crayons solidaires sont appuyés à fond de leur course par deux ressorts, et, si l'opérateur, à un point singulier du diagramme, arrête le mouvement circulaire du levier et tire momentanément, puis relâche ces crayons leur faisant ainsi tracer, à chacun d'eux, un petit trait qui détermine le rayon servant de repère au point singulier observé. Le levier est équilibré par un contrepoids.

Une planche, percée d'un trou central pour le passage de l'arbre de commande, porte la feuille de papier sur laquelle se trace automatiquement le diagramme.

Les ressorts mesureurs sont tarés à l'aide de poids, ce qui permet de déterminer la valeur des ordonnées polaires du diagramme ; dans mes essais, un millimètre de hauteur d'ordonnée correspond à un effort de 1 kilogramme.

L'axe des manettes étant situé exactement à 1 mètre de l'axe de rotation de l'arbre de commande, la circonférence parcourue par la puissance, dans un cycle complet, est de $2^m \times 3.1416 = 6^m,28$.

Pour un angle de 1° de rotation de l'arbre, l'espace parcouru par la puissance est de $\frac{6^m,28}{360} = 0^m,01\,745$.

La figure 136 montre, réduit au tiers environ, le diagramme du travail de la machine essayée, pour fabriquer une pointe de Paris en fil d'acier n° 20 ($4^{mm},4$ de diamètre) avec tête n° 29 ($9^{mm},4$ de diamètre).

§ 15. — INTERPRÉTATION ET MESURE DU DIAGRAMME TRACÉ PAR LE LEVIER DYNAMOMÉTRIQUE APPLIQUÉ SUR UNE MACHINE A CLOUS

Le diagramme (fig. 136) donne le travail du cycle complet de la fabrication d'un clou comportant les cinq opérations que j'ai indiquées précédemment.

Nous examinerons ce diagramme en commençant au moment où, la tête d'un clou venant d'être frappée, les griffes se sont ouvertes pour permettre au fil d'avancer pour commencer la fabrication d'un nouveau clou.

En A, la came de percussion attaque la dent du mouton pour le relever, l'effort résistant est le bandage progressif du ressort qui, au moment voulu, projettera le mouton pour écraser le fil et former la tête du clou.

En B, la partie arrondie de la came passe au sommet de la dent de relevage.

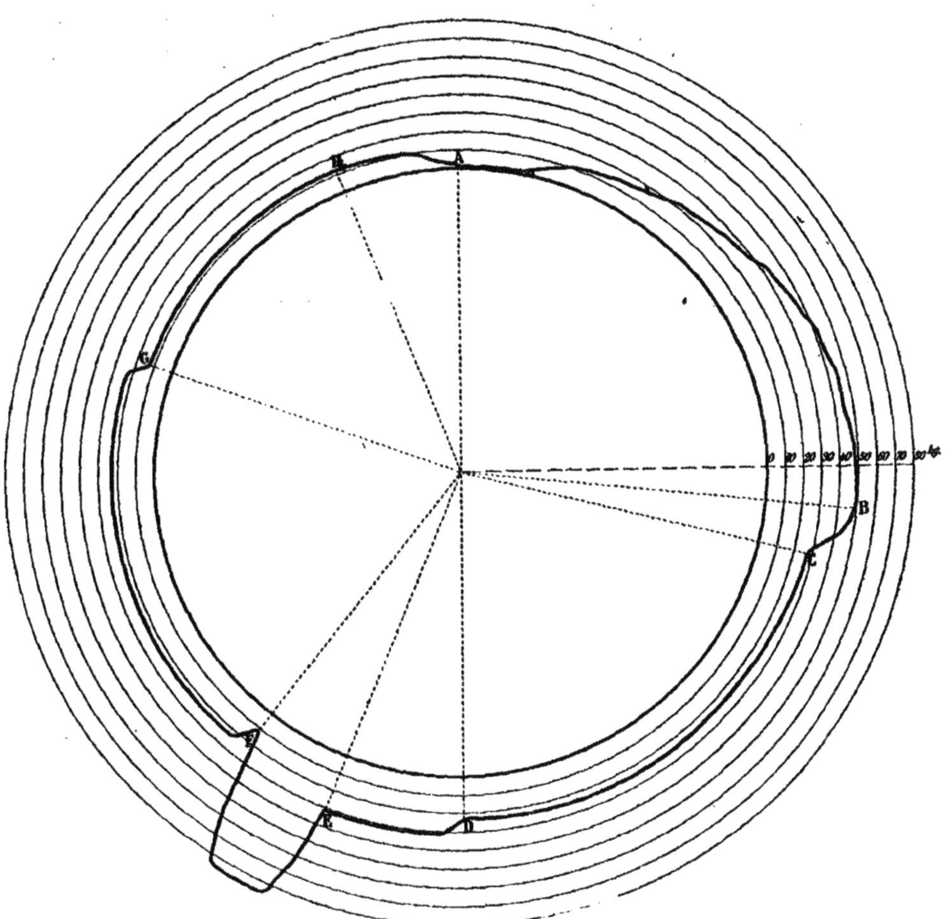

Fig. 136. — Diagramme du travail dépensé pour faire une pointe de Paris en fil n° 20 (4mm,4 de diamètre) avec une tête n° 29 (9mm4, de diamètre) (réduction au tiers).

En C, le relevage est terminé, il ne reste plus à vaincre que le frottement de la dent sur la partie circulaire de la came de percussion, frottement qui durera jusqu'en G, point de chute du mouton. Pendant ces opérations le chariot d'amenage a fait avancer le fil et son action cesse en D.

En D, les griffes commencent à se rapprocher pour serrer le fil.

En E, les griffes sont complètement serrées, les couteaux se sont rapprochés et vont commencer à couper le fil pour former la pointe du clou.

En F, la coupe est terminée et les couteaux commencent à s'écarter.

En G, l'écartement des couteaux est suffisant et le mouton abandonné par la came et chassé par le ressort tombe sur l'extrémité du fil qui émerge des griffes et, en l'écrasant, forme la tête du clou.

En H, les griffes, qui étaient serrées, commencent à se desserrer et elles sont complètement ouvertes en A, au moment où vient de se terminer le recul du chariot d'amenage.

Il en est ainsi à chaque tour de l'arbre de la machine.

Je n'ai pas parlé du fonctionnement du chasse-pointe qui sert à assurer la chute, sous la machine, du clou et des déchets lorsqu'elle ne se produit pas naturellement par le poids seul, l'effort pour cette opération étant insignifiant.

Mesure du travail dépensé dans ces diverses opérations.

Points singuliers du cycle.	Angle de la course. mètres.		Course effective de la puissance. mètres.	Effort moyen. kilog.	Travail dépensé. kgm.
De A à B	96° × 0,01745	=	1,67	25	41,75
De B à C	8° × 0,01745	=	0,14	39	0,55
De C à D	76° × 0,01745	=	1,33	25	33 »
De D à E	22° × 0,01745	=	0,38	32	12,30
De E à F	16° × 0,01745	=	0,28	80	22,40
De F à G	71°30′ × 0,01745	=	1,25	25	31,25
De G à H	48°30′ × 0,01745	=	0,85	12	10,20
De H à A	22° × 0,01745	=	0,38	8	3,05
	360° × 0,01745	=	6,28		154,50

En appliquant ces dépenses de travail aux opérations correspondantes que j'ai décrites, on a :

<table>
<tr><td>De A à B
De B à C</td><td colspan="2">Relevage du mouton et compression du ressort (T = 32^{kgm},30).</td><td colspan="2">Amenage et dressage du fil (T = 10 kgm).</td></tr>
<tr><td>De C à D
De D à E
De E à F
De F à G
De G à H
De H à A</td><td>Coupe de la pointe (T = 21 kgm.).</td><td>Serrage des griffes (T = 41^{kgm},20).</td><td>Recul du chariot d'amenage (T = insignifiant).</td><td>Frottement de la dent sur la came de percussion. (T = 50 kgm).</td></tr>
</table>

§ 16. — ÉTUDE DU COUP DE MARTEAU DU « CLOUEUR »

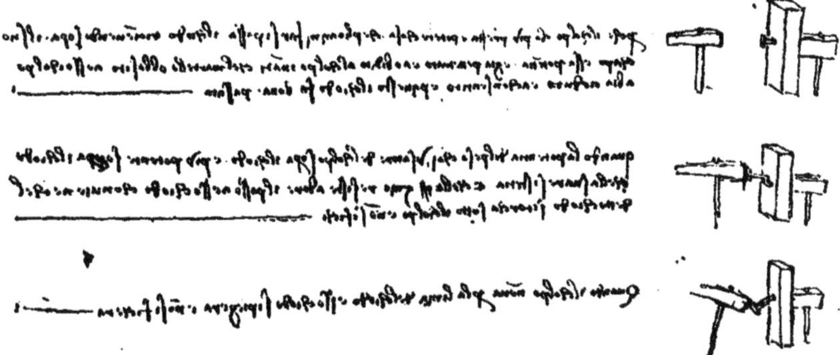

Fig. 137. — Fragment de manuscrit de Léonard de Vinci, relatif à l'enfoncement du clou. (Manuscrit C (vers 1490). T. III, folio 22 recto.)

Parce que le coup est la plus prompte et puissante chose qui se puisse faire par les hommes, le clou recevant, sur sa tête, cette puissance, a déjà pénétré et obéi au coup avant que le marteau opposé à ce coup ait cédé et consenti, et pour cela le clou fait une bonne traversée.

Quand la puissance du poids qui cause le coup sur le clou est plus puissante sur le clou que sa résistance, et que le bois résiste à donner le passage à ce clou, il convient que ledit clou se torde sous le coup, et ne s'enfonce pas.

Quand le coup ne va pas par la ligne (dans la direction) du clou, ce clou se ploiera et ne s'enfoncera pas.

(Traduction de Ch. Ravaisson-Mollien.)

J'ai indiqué en 1891 la quantité de travail dépensé, par les coups de marteau (1); puis en 1894, j'ai commencé dans le laboratoire de physiologie de mon très regretté maître et ami le docteur Marey, au Parc-aux-Princes, des expériences relatives à la technologie industrielle.

J'ai pu notamment, avant que les cinématographes fussent dans le commerce, photographier sur de longues bandes et reproduire à l'impression toutes les poses successives du forgeron et de son frappeur (2).

Ces premières notes ont été réunies dans un mémoire publié en 1906 par la Société d'Encouragement : « Étude expérimentale du rivetage. »

Aujourd'hui je dois compléter ces renseignements en donnant les indications plus spéciales relatives au coup de marteau du « cloueur », c'est-à-dire de l'ouvrier qui enfonce un clou dans du bois à l'aide de ce procédé mécanique.

Dans ce but j'ai choisi un marteau du poids de $1^{kg},100$ environ et des clous d'un diamètre de $5^{mm},8$, dimension correspondant assez bien au poids du marteau.

(1) « L'Enclume », 28 avril 1891, page 2 : Travail produit par les forgerons.

(2) « Le Monde moderne », février 1895, page 192 : Les mouvements de l'ouvrier dans le travail professionnel.

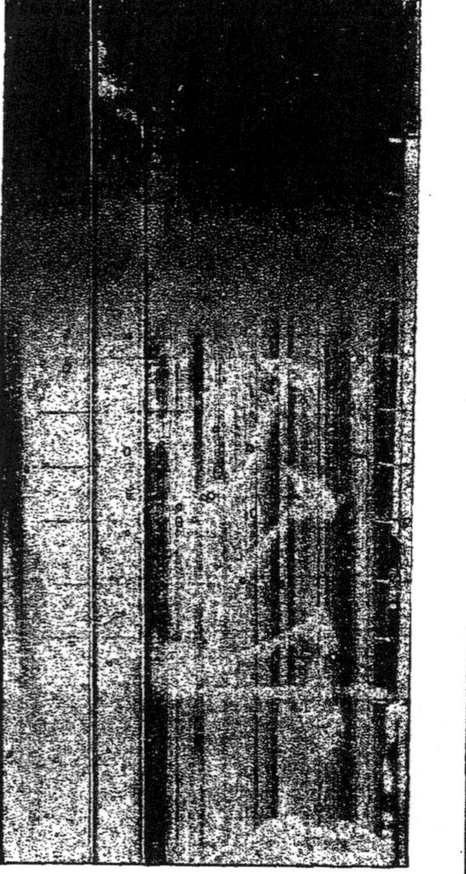

Fig. 138. — Photographie des positions successives du marteau du cloueur pendant l'ascension.

Fig. 139. — Photographie des positions successives du marteau du cloueur pendant la descente.

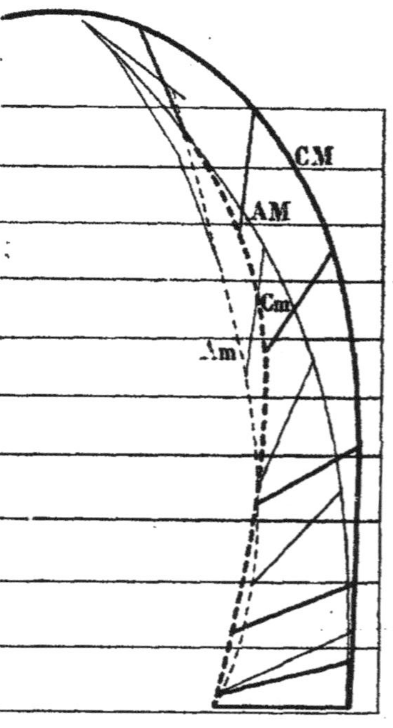

Fig. 140. — Directions du manche du marteau et trajectoires de la main et du marteau dans les positions successives pendant l'ascension et la descente (d'après les figures 138 et 139).

J'ai d'abord photographié, sur la même plaque et sans faire intervenir la mesure de la vitesse, les diverses positions successives du marteau : 1° dans l'ascension (fig. 138) ; 2° dans la descente (fig. 139), et, à l'aide de ces deux photographies, j'ai tracé (fig. 140) les trajectoires du marteau, celles de la main et les diverses directions du manche dans ces positions successives, pour en déduire l'inclinaison.

Dans cette figure 140 :

AM	est la trajectoire	du marteau	pendant	l'ascension.
CM	—	—	—	la descente.
Am	—	de la main	—	l'ascension.
Cm	—	—	—	la descente.

Les dix traits horizontaux qui se correspondent sur les trois figures 138, 139, 140, indiquent les hauteurs de dix en dix centimètres.

L'examen de ces trois figures permet de constater que :

1° Pendant l'ascension, l'ouvrier tend à diriger son marteau dans une position verticale, mouvement instinctif qui, pour une même dépense de travail, occasionne moins de fatigue.

C'est la loi du moindre effort.

2° Pendant la descente, toujours instinctivement, l'ouvrier tend au contraire à diriger son marteau dans une direction horizontale, position qu'il doit avoir en fin de course, et l'effort de poussée qu'il fait avec sa main augmente d'autant plus la vitesse du marteau.

De ce fait, les deux trajectoires AM (montée) et CM (descente) du marteau ne coïncident pas et s'écartent plus l'une de l'autre que les trajectoires Am (montée) et Cm (descente) de la main ; et la trajectoire CM de descente de marteau est la plus éloignée de l'ouvrier.

Dans le mouvement de la manœuvre du marteau les efforts varient avec les positions successives :

1° Au départ, le marteau ayant sa tête appuyée sur l'enclume et son manche horizontal, l'ouvrier, en soulevant le marteau, le redresse progressivement pour l'amener à la position verticale.

2° Au cours de l'ascension, quand le marteau a pris la position verticale, la main pousse alors le manche *en bout*, suivant son axe longitudinal et cela pendant un temps très court.

3° Vers la fin de l'ascension, le marteau, continuant à la fois son ascension et son inclinaison, tend à prendre une position horizontale mais *inversée* par rapport à la position horizontale initiale, c'est-à-dire que la panne du marteau, qui était primitivement tournée vers le ciel, est maintenant tournée vers le sol et le poids du marteau pèse sur la main motrice par la partie du manche du côté de la panne qui était primitivement en dessus et qui, par suite du renversement, est venue en dessous.

4° Pendant toute la descente l'effort de la main se fait sur la partie du manche du côté de la panne.

Pour étudier les efforts et leur distribution dans le fonctionnement du marteau il faut donc munir celui-ci de trois dynamomètres mesurant :

1° L'effort produit sur le manche du côté de la tête;

2° L'effort produit suivant l'axe longitudinal et en bout du manche;

3° L'effort produit sur le manche du côté de la panne.

La mesure du second effort en bout du manche n'est pas indispensable, d'abord parce qu'elle est connue, c'est celle du poids même du marteau avec son manche; et surtout parce qu'elle n'intervient pas pendant la descente, l'effort étant uniquement appliqué sur le dessus du manche ; il suffit donc de munir le marteau des deux autres dynamomètres.

La figure 141 est la photographie de ce marteau dynamométrique, muni des deux ressorts mesureurs des efforts, des ampoules et des tubes de caoutchouc destinés à transmettre les variations, aux tambours à leviers récepteurs qui tracent sur l'enregistreur les efforts développés pendant le fonctionnement; le fil métallique sert à enregistrer la course de la main. Le poids du marteau en acier est de $0^{kg},865$, celui du manche de $0^{kg},242$ et celui des appareils de mesure de $0^{kg},218$, soit au total $1^{kg},325$.

La figure 142 montre l'installation des instruments de mesure et des appareils enregistreurs au moment du fonctionnement du marteau enfonçant un clou dans un morceau de bois.

Un mouvement d'horlogerie fait tourner le tambour enregistreur à l'une des trois vitesses suivantes : $7^{mm},5$, — 50 millimètres ou 300 millimètres par seconde.

Le temps est donné par un chronographe du docteur Jacquet qui trace à volonté la seconde ou le cinquième de seconde.

La course de la main est réduite par les leviers qu'on voit sur la droite de la figure 142.

Pour mesurer le travail d'un coup de marteau sur un clou, il faut enregistrer en même temps quatre diagrammes :

1° Le diagramme de la course de la main en fonction de la vitesse.

2° L'effort appliqué sur le manche du côté de la tête.

3° L'effort appliqué sur le manche du côté de la panne.

4° Le temps en fractions de seconde.

La figure 143 montre, à titre d'exemple, l'enregistrement de ces quatre diagrammes pour une série de dix coups de marteau ayant enfoncé dans du chêne, et à la profondeur de 50 millimètres, un clou de $5^{mm},8$ de diamètre.

Dans ce tracé, le papier avançait à la vitesse de 10 millimètres par

Fig. 141. — Marteau à main muni de dynamomètres pour mesurer les efforts développés pendant le fonctionnement.

Fig. 142. — Installation des appareils enregistreurs du travail du coup de marteau du cloueur.

cinquième de seconde comme l'indique le diagramme du temps marqué par le chronographe.

Lorsque l'ouvrier élève très lentement et laisse aussi redescendre très lentement son marteau, comme il a fait pour la prise des photographies (fig. 138 et 139), le tout durant 3 ou 4 secondes par exemple, il exécute ce que j'appellerai un simulacre de coup de marteau, parce qu'il fait les mouvements sans communiquer au marteau un supplément de force vive pour produire du travail utile.

J'ai enregistré (fig. 144) les diagrammes du travail de ce simulacre d'un coup de marteau effectué en trois secondes et demie, l'enregistreur avançant à raison

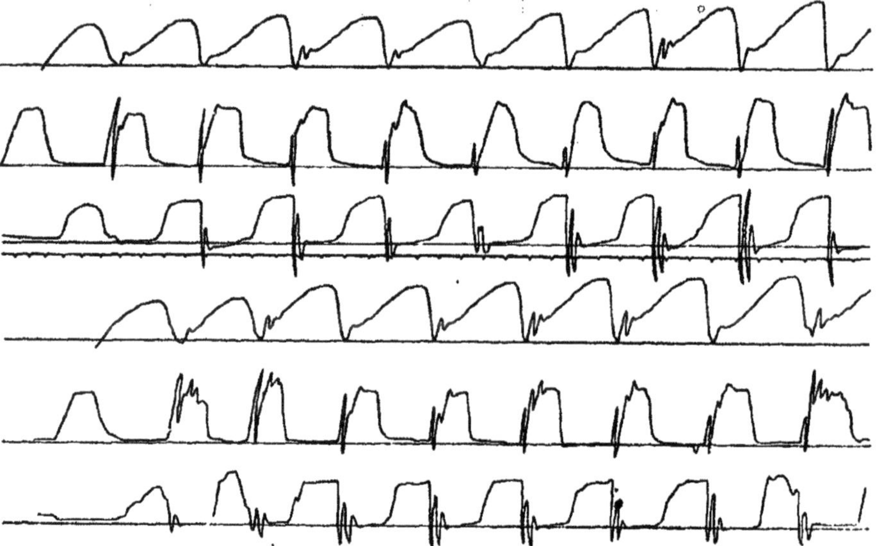

Fig. 143. — Diagrammes du travail de dix coups de marteau donnés pour enfoncer dans du chêne un clou de 5mm,8 de diamètre : 1° Course de la main ; 2° Effort en dessous du manche ; 3° Effort sur le manche ; 4° Temps en cinquièmes de seconde. (Réduction au tiers.)

de 10 millimètres par cinquième de seconde. Puis j'ai enregistré (fig. 145) les diagrammes du travail d'un coup de marteau effectif donné sur un clou enfoncé dans du chêne, en quatre cinquièmes de seconde, l'enregistreur avançant à la vitesse de 57 millimètres par cinquième de seconde. La comparaison de ces deux figures montre que la distribution des efforts, dans un travail normal, est différente de celle d'un simulacre à vitesse lente du marteau.

Dans le cas du mouvement lent (fig. 144), la montée et la descente étant à peu près de même durée, la vitesse est la même ; comme nous l'avons dit précédemment pour la montée, l'effort au départ s'exerce sur le manche du côté de la tête, pour faire basculer la marteau de la position horizontale à la position verticale pendant la première partie de son ascension de A à B ; puis l'effort s'exerce en bout, suivant l'axe du manche, alors vertical, pendant une

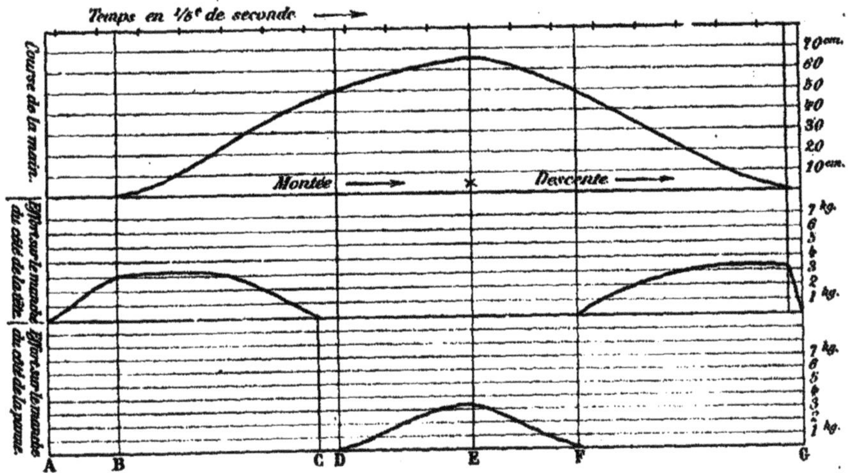

Fig. 144. — Diagrammes du travail d'un simulacre de coup de marteau (c'est-à-dire d'un coup donné à vitesse lente : 3 secondes 1/2.) (Réduction à la moitié.)

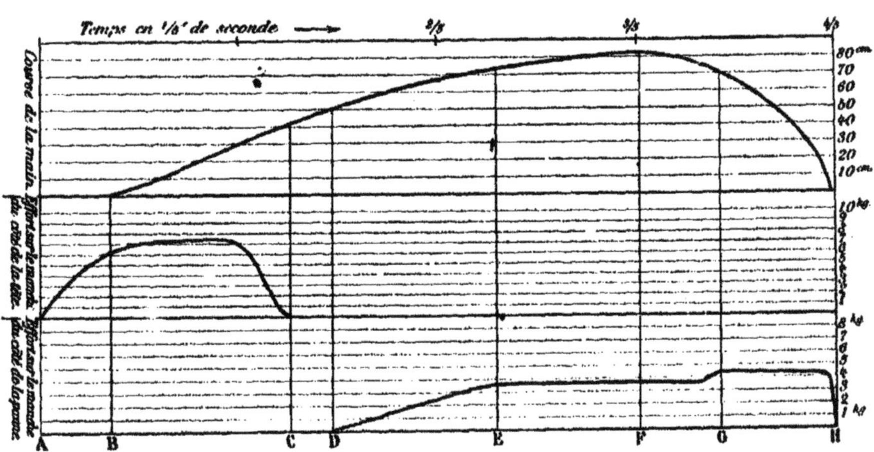

Fig. 145. — Diagrammes du travail d'un coup de marteau effectif donné sur un clou enfoncé dans du chêne (en 4/5e de seconde.) (Réduction à la moitié.)

petite course de C à D ; le diagramme n'enregistre pas cet effort qui est d'ailleurs connu puisque c'est le poids total du marteau (1^{kg},350); enfin le mouvement de bascule se continuant, le marteau pèse alors sur la partie du manche du côté de la panne jusqu'en E, en haut de sa course ascensionnelle. Pour la descente lente, il y a réversion, la distribution des efforts repasse par les mêmes phases avec les mêmes intensités, c'est-à-dire que partant cette fois de E, en haut de l'ascension, pour descendre, le marteau continue à peser de son poids par l'intermédiaire de son manche du côté panne sur la main de l'ouvrier,

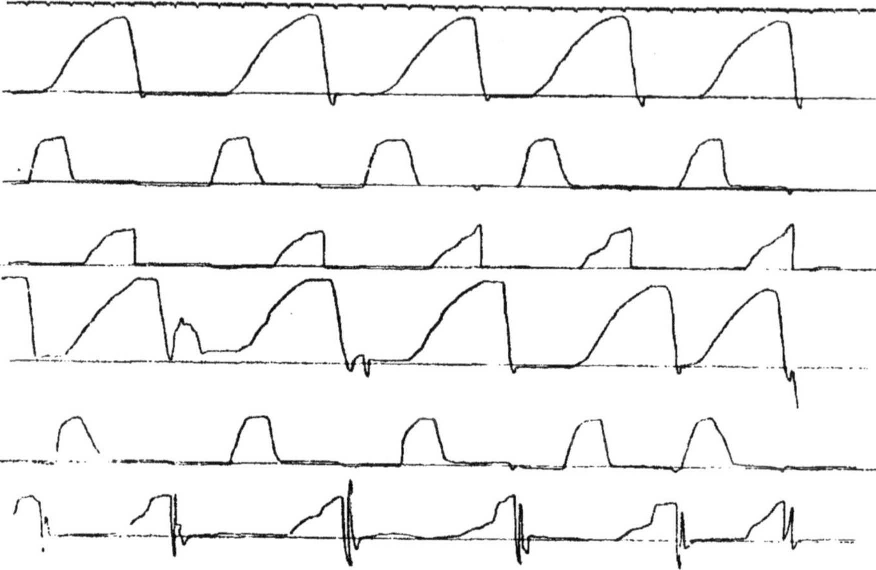

Fig. 146. — Diagrammes du travail dépensé dans deux séries de chacune cinq coups de marteau donnés pour enfoncer un clou de même dimension, d'abord dans du chêne, ensuite dans du sapin.

de E .., puis il rebascule, en sens inverse cette fois; il redevient vertical et s'incline du côté opposé pour redevenir horizontal à la fin de la descente; dans cette dernière partie FG, l'effort indiqué sur le diagramme croît en raison directe de l'inclinaison, le maximum étant atteint quand le marteau est horizontal; l'effort enregistré est alors d'environ 3^{kg},3 quoique le marteau d'acier ne pèse que 0^{kg},850, parce que le point d'appui du manche sur le doigt qui supporte l'effort est placé au quart environ de la longueur totale du marteau, ce qui fait que le rapport des deux bras de levier est d'environ un quart.

Dans le coup de marteau normal, c'est-à-dire qui produit un travail utile (fig. 145), l'effort au début du soulèvement du marteau de A à B est plus élevé que dans la partie correspondante du simulacre du coup, l'effort indiqué par le diagramme est environ le double et cependant c'est le même marteau dans les deux expériences ; mais, dans le coup normal, l'ouvrier doit donner une plus grande vitesse pendant l'ascension, ce qui exige un surcroît de dépense d'énergie qui sera d'ailleurs restituée à la fin de la course en servant à terminer l'ascension avec diminution de vitesse.

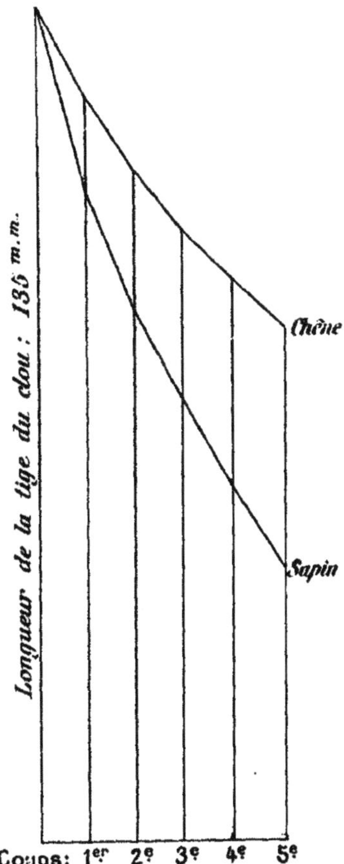

Fig. 147. — Graphique des enfoncements d'un clou de 5mm,8 de diamètre et de 142 millimètres de longueur totale, sous le choc de 5 coups de marteau. 1° dans du chêne; 2° dans du sapin.

Dans la descente du coup normal, il n'y a plus à retenir le marteau, il faut, au contraire, profiter de la chute naturelle et ajouter une quantité d'énergie supplémentaire par augmentation de vitesse de chute produite par une pression sur le manche du côté de la panne, et c'est le dynamomètre ayant son ressort de ce côté du manche qui mesure cet effort supplémentaire; dans le diagramme (fig. 145), le dynamomètre a indiqué un effort de $3^{kg},3$ au début de la descente sur une course d'environ 12 centimètres de F à G et de $4^{kg},2$ pour une course d'environ 70 centimètres de G à H. Nous pouvons donc évaluer avec une approximation suffisante l'énergie du coup de marteau enregistré par les diagrammes de la figure 77.

La dépense du travail pour amener le marteau à sa position supérieure, au point culminant, n'a pas besoin d'être mesurée ; elle est connue : elle correspond au produit du poids du marteau multiplié par la course du centre de gravité de celui-ci. Dans cet essai nous admettrons comme suffisamment exacts le poids $1^{kg},300$ et la course $1^{m},20$, ce qui fait : $1^{kgm},56$.

C'est cette quantité de travail qui est disponible par la chute seule du marteau ; mais à cette chute s'ajoute l'énergie supplémentaire produite par la main de l'ouvrier agissant sur le manche du côté de la panne. Cette énergie supplémentaire est la somme de : 1° Un effort de 3^{kg},3 pendant 12 centimètres environ, soit 0^{kgm},40 ; 2° un effort de 4^{kg},2 pendant une course de 70 centimètres environ, soit 2^{kgm},940. Soit en tout, pour le travail rendu par le coup de marteau, environ 4^{kgm},900.

Le diagramme (fig. 146) montre que les coups successifs donnés avec ce marteau peuvent avoir une régularité assez satisfaisante quant à la vitesse et aux efforts ; et le graphique (fig. 147) montre l'enfoncement du clou après chacun des coups successifs donnés avec le marteau enregistreur et enregistrés au diagramme (fig. 146). La régularité de la courbe des longueurs d'enfoncement confirme la régularité d'énergie des coups de marteau. Dans ces essais le chêne et le sapin ont été choisis aussi homogènes que possible, le clou enfoncé préalablement de 7 à 8 millimètres, longueur de la pointe pour le maintenir en position. J'ai effectué les mêmes essais, sur les mêmes morceaux de bois, et avec les mêmes clous, mais en les enfonçant cette fois sous le choc d'un mouton de 10 kilogrammes tombant de hauteurs voisines de 50 centimètres ; par tâtonnements, je suis arrivé à enfoncer les clous exactement à la même profondeur en donnant 5 coups d'une hauteur de chute de 48 centimètres ; soit 4^{kgm},80 par coup de mouton. La mesure de l'énergie du coup de marteau enregistreur, déduite du diagramme enregistré, est donc au plus supérieure de 0^{kgm},10 au coup du mouton, l'écart de 2 p. 100 aurait pu être beaucoup plus sensible à cause de l'hétérogénéité ordinaire des bois, des différences d'énergie des coups de marteau, etc. Des essais comparatifs effectués sur des crushers en plomb ont aussi confirmé l'exactitude de la mesure du travail du coup de marteau relevée sur les diagrammes ; ces essais seront donnés dans une étude spéciale et plus étendue sur le martelage.

§ 17. — RÉSISTANCE DU CLOU A L'ENFONCEMENT ET RÉSISTANCE DU CLOU A L'ARRACHEMENT

Pour enfoncer un clou dans du bois il faut produire sur la tête de ce clou une pression variable avec la résistance qu'oppose le bois à sa pénétration et avec les dimensions, la forme et l'état de la tige et de la pointe du clou.

Une fois enfoncé, le clou résiste à l'arrachement et, pour vaincre l'adhérence produite par le serrage du bois, il faut appliquer sous la tête du clou un effort de traction variable avec l'essence et la qualité du bois, avec les dimensions, la forme et l'état de la tige et la profondeur d'enfoncement.

Il est intéressant de connaître les efforts d'enfoncement et d'arrachement des clous divers dans des bois divers, surtout en vue du choix plus éclairé d'une meilleure forme et de l'obtention d'un meilleur rendement.

Mais si, dans ces essais de mesures, on peut déterminer exactement les données relatives au clou, telles que ses dimensions, son diamètre, sa longueur

Fig. 148. — Avec dispositif pour enfoncer le clou.

Fig. 149. — Avec dispositif pour arracher le clou.

Fig. 148 et 149. — Machine à essayer, avec appareil enregistreur pour mesurer les résistances à l'enfoncement et à l'arrachement des clous dans le bois.

enfoncée, la forme de sa pointe, la forme de sa tige, etc., il n'est pas possible d'attribuer la même valeur absolue à la mesure des résistances de pénétration et d'adhérence du clou dans les diverses essences de bois ; on sait en effet que le même clou, enfoncé successivement du même côté d'un morceau de bois et dans deux endroits voisins, donne parfois des résistances assez différentes aussi bien à l'enfoncement qu'à l'arrachement. En effet (1) : « Le bois est un corps poreux, spongieux, dont la porosité et les vacuités varient avec chaque espèce, chaque échantillon et souvent même avec les diverses parties de cet échantillon ; l'état hygrométrique du milieu modifie la plasticité. Dans les mesures des résistances mécaniques, les chiffres obtenus ne sont que des moyennes à appliquer avec la plus grande discrétion, si l'on ne peut établir dans quelles conditions elles ont été obtenues. »

Il est donc bien entendu que les chiffres trouvés dans les essais et donnés dans cette étude, n'ont pas une valeur générale et absolue, mais seulement spéciale et relative, et si les décimales sont gardées comme résultat du calcul il ne faut pas leur attribuer une valeur que ne comporte pas la matière.

§ 18. — MACHINE A ESSAYER AVEC APPAREIL ENREGISTREUR

Pour effectuer ces essais de résistances du clou à l'enfoncement et à l'arrachement, j'ai construit une petite presse en fer, petite machine de fortune, permettant de produire, à l'aide d'une vis, une pression maximum de 600 kilogrammes environ (fig. 148 et 149). Un appareil enregistreur donne, à une grande échelle, le tracé du travail dépensé pour effectuer soit l'enfoncement du clou (dispositif fig. 148), soit son arrachement (dispositif fig. 149). Ce diagramme donne l'effort produit à l'aide de la vis, en fonction de la flexion du bâti, à raison de 3kg,200 par millimètre de hauteur d'ordonnée et les abscisses indiquent la course de la vis, et par suite celle de l'outil, amplifiée ; dix fois ces chiffres résultent de tarages répétés, qui ont permis de constater la proportionnalité de la flexion aux efforts et l'exactitude suffisante des chiffres.

Mes essais ont été effectués par pression statique transmise sur le clou à l'aide d'une vis ; or en pratique l'enfoncement du clou est fait par le choc du marteau, il importe donc de savoir si le phénomène du clouage est le même dans les deux cas et si la résistance d'adhérence est aussi la même.

Des expériences comparatives, que je rapporterai plus loin, m'ont montré qu'il y a une corrélation complète entre les deux modes d'enfoncement.

(1) André Thil, *Constitution anatomique du bois*. — *Commission des méthodes d'essai des matériaux de construction*, 2e session, t. III, page 213 ; Paris, 1900.

§ 19. — RÉSISTANCE A L'ENFONCEMENT, DIVERSES MÉTHODES DE MESURE EMPLOYÉES

Pour enfoncer un clou dans du bois il faut vaincre deux résistances différentes :

Fig. 150. — Clou à pointe ordinaire. Fig. 151. — Clou à pointe effilée.

Fig. 150-151. — Clous décolletés en arrière de la pointe pour annuler la résistance au frottement de la tige pendant l'enfoncement.

1° La résistance à la *pénétration de la pointe* qui, en s'avançant, troue le bois pour faire le logement du clou.

2° La résistance au *frottement de la tige du clou* sur la paroi de ce trou, le bois exerçant une pression élastique.

Ces deux résistances ne varient pas dans les mêmes proportions. La première, l'effort de pénétration de la pointe, ne varie guère qu'avec la résistance du milieu qu'elle traverse, elle est donc à peu près constante et indépendante de la profondeur de cette pénétration ; la seconde, au contraire, va en croissant avec la profondeur d'enfoncement du clou.

Il faut évaluer séparément ces deux résistances : pénétration de la pointe et frottement de la tige du clou ; pour différencier l'influence des divers facteurs qui agissent sur elles, j'ai employé plusieurs méthodes, d'abord pour les contrôler l'une par l'autre et ensuite pour ma commodité.

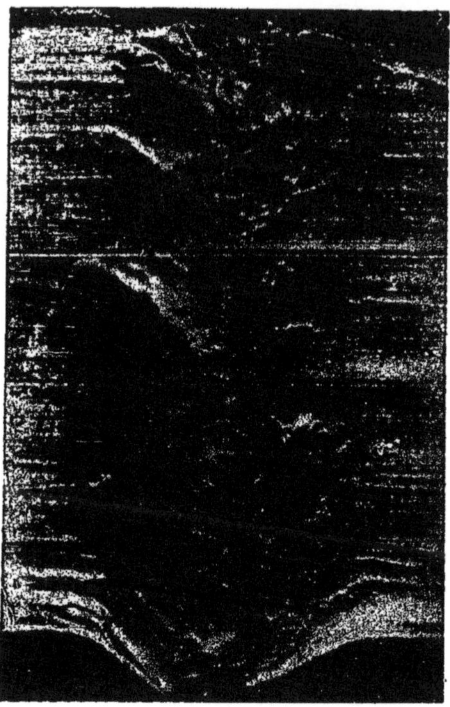

Fig. 152. — Coupe d'un morceau de chêne après le passage d'un clou de 4mm,4 de diamètre, à pointe effilée, dans le but de mesurer le frottement latéral pendant le glissement, après la sortie de la pointe.

Méthode A. — En enfonçant deux fois de suite le même clou dans le même trou, les diagrammes indiquent, par leur différence, l'effort de pénétration de la pointe, puisque, dans la seconde opération, le trou se trouvant percé, il n'y a de résistance à l'enfoncement que celle qui provient du frottement de la tige sur la paroi du trou. On peut faire deux reproches à cette méthode : d'abord les clous ne sont jamais ni cylindriques,.ni droits d'une manière absolue et le second enfoncement du clou peut rencontrer, par suite du changement de position relative de la tige, une petite différence de résistance; ensuite l'adhérence diminue à chaque nouvelle introduction du même clou dans le même trou, ainsi que nous le montrerons plus loin. Ce procédé de mesure n'est donc qu'approximatif.

Méthode B. — On peut mesurer directement la résistance à la pénétration de la pointe seule du clou en décolletant celui-ci en arrière de la pointe et en enlevant ainsi assez de métal pour qu'il n'y ait, pendant l'enfoncement, aucun frottement de la tige du clou sur la paroi du trou (fig. 150-151). C'est là le procédé le plus exact.

Méthode C. — On peut mesurer la résistance au frottement directement,

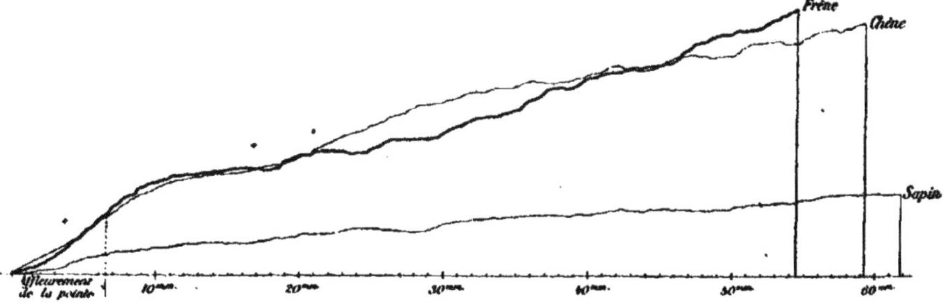

Fig. 153. — Diagrammes du travail d'*enfoncement* statique d'un clou n° 20 ($4^{mm},4$) dans : 1° du sapin, 2° du chêne, 3° du frêne.

par conséquent indépendamment de la résistance de la pointe à la pénétration, en éliminant cette dernière. Pour obtenir ce résultat, j'ai superposé deux morceaux de bois, provenant d'un même morceau séparé en deux par un trait de scie, j'ai enfoncé le clou et, aussitôt que la pointe de celui-ci a marqué son entrée dans le second morceau, j'ai percé dans celui-ci un trou légèrement plus fort que la tige; puis, replaçant les deux morceaux de bois l'un sur l'autre, comme au début de l'opération, j'ai continué l'enfoncement du clou; le diagramme de l'opération indique alors l'effort du frottement latéral, la pointe ne rencontrant plus de résistance à son passage. J'ai utilisé deux morceaux de bois superposés pour éviter l'éclatement sur une certaine longueur à la sortie du trou, éclatement qui diminuerait d'autant le frottement latéral. La figure 152 montre la coupe d'un morceau de bois qui a servi à effectuer, par cette méthode, la mesure du frottement latéral, dans un morceau de chêne, d'un clou d'un diamètre de $4^{mm},4$ et ayant une pointe très effilée. Dans cette sorte d'expérience, l'effort ne va plus en croissant puisque la surface de frottement reste constante; au contraire, l'effort de frottement diminue comme nous le verrons plus loin à propos d'enfoncements successifs du même clou dans le même trou ; le diagramme permet d'ailleurs de constater cette diminution d'effort, et c'est l'effort maximum qui est à retenir pour la mesure du frottement cherchée.

Méthode D. — Enfin on peut, sur le diagramme de l'enfoncement d'un clou, marquer le point qui correspond à l'enfoncement total de la pointe du clou et admettre, pour l'effort de pénétration de cette pointe, la valeur de l'ordonnée correspondante ; en menant par ce point une parallèle à la ligne des abscisses,

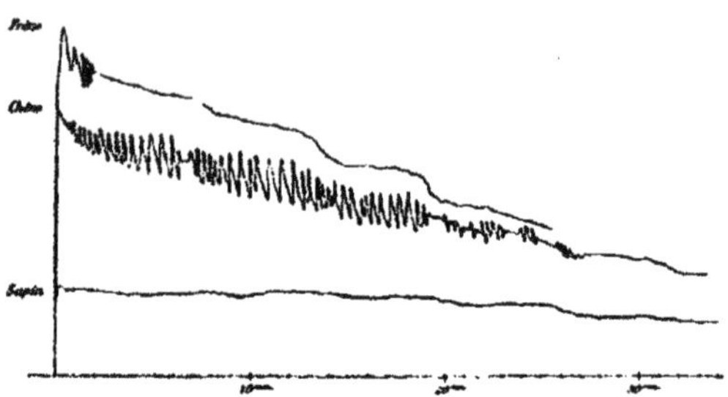

Fig. 154. — Diagrammes du travail d'*arrachement* statique d'un clou n° 20 (4mm,4) dans : 1° du sapin, 2° du chêne, 3° du frêne.

on aura alors, au-dessus de cette parallèle, la valeur de la résistance au frottement de la tige du clou en chaque point correspondant de la course du clou ou de son enfoncement.

En réalité, la résistance à la pénétration ainsi mesurée est celle de la pénétration à la surface du bois et elle est un peu plus faible que celle de la pénétration dans les parties plus profondes, parce que les fibres à la surface ne sont pas soutenues autant qu'à l'intérieur du bois, et cèdent plus facilement ; mais j'ai constaté, par des mesures précises, que l'écart était d'un ordre de grandeur assez faible pour ne pas avoir une influence sensible sur les résultats. Aussi c'est surtout par l'application de cette méthode que j'ai relevé la plus grande partie des mesures de la présente étude.

La figure 153 donne, à titre de spécimen et en dimensions très réduites (1/4) le diagramme d'enfoncement, dans des bois de sapin, chêne et frêne d'un clou ordinaire de 4mm,40 de diamètre (n° 20).

Ces diagrammes ont été enregistrés comme il a été expliqué à propos du dispositif pour enfoncement du clou (fig. 148). Ces clous ont été arrachés à l'aide du dispositif représenté figure 149, et j'ai obtenu, pour chaque arrachement, un diagramme. J'ai réuni ces diagrammes du travail d'arrachement (fig. 154).

Avant d'évaluer, à l'aide de diagrammes semblables, les influences sur les résistances mécaniques des clous de formes et de dimensions variées enfoncés dans des bois d'essences différentes, il est nécessaire de connaître la résistance propre du bois et la manière dont il se comporte quand il est soumis à des efforts appliqués dans des directions différentes par rapport aux fibres du bois et d'observer la genèse des déformations successives subies par ces fibres pendant l'enfoncement et l'arrachement du clou.

§ 20. — VARIATIONS DE LA RÉSISTANCE A L'ÉCRASEMENT DU BOIS SUIVANT LA DIRECTION DE L'EFFORT PAR RAPPORT A CELLE DES FIBRES

J'ai découpé, dans des planches d'essences différentes, des petits *cubes* ayant exactement *un centimètre de côté* et j'ai soumis ces cubes à des efforts de compression appliqués suivant les trois sens différents par rapport à la direction des fibres de la planche.

1° *à plat*, pour évaluer la résistance à l'écrasement effectué par une pression sur les deux plus grandes surfaces de la planche;

2° *à champ*, l'effort étant appliqué cette fois sur le champ, c'est-à-dire le côté longitudinal de la planche.

3° *en bout*, l'effort étant appliqué sur les extrémités et dans la direction des fibres du bois.

Le tableau suivant donne les résultats de ces essais d'écrasement, le chiffre donné est la mesure de ce qu'on pourrait appeler la limite d'élasticité, il correspond à la première déformation permanente, au début de l'écrasement.

RÉSISTANCES A L'ÉCRASEMENT SUIVANT LE SENS DES FIBRES DU BOIS PAR RAPPORT A LA DIRECTION DE L'EFFORT.

	Éprouvettes cubiques de 1 centimètre de côté.		
	à plat. Kg.	à champ. Kg.	en bout. Kg.
1. Sapin	32	54	454
2. Peuplier	48	48	438
3. Chêne	67	102	480
4. Pitchpin	80	160	860
5. Frêne	150	110	645
6. Acajou	128	112	540
7. Hêtre	115	150	540

La figure 155 donne les diagrammes des essais de compression à plat, ceux de compression à champ sont très analogues, et la différence doit être attribuée aux différences de la position relative de la planche par rapport au diamètre dans l'arbre dont elle provient.

Les éprouvettes essayées suivant les deux sens : à plat et à champ, se comportent de la même façon ; plus le bois est tendre, plus l'affaissement est grand,

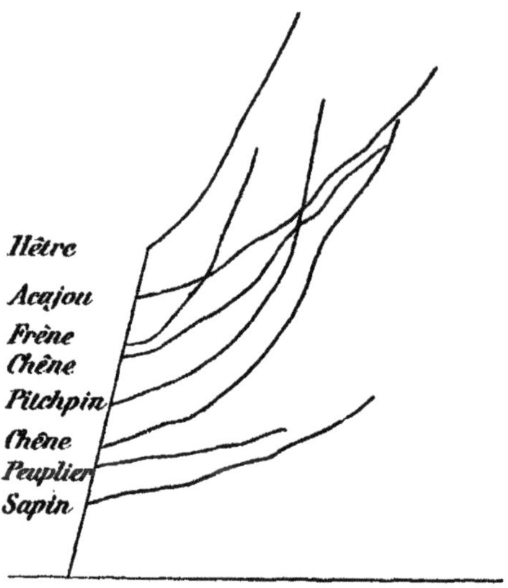

Fig. 155. — Diagrammes d'essais de compression à plat d'éprouvettes cubiques d'un centimètre de côté, prises dans divers bois.

c'est-à-dire qu'il suffit d'un très faible accroissement d'effort pour produire un affaissement sensible ; pour les bois durs, au contraire, l'effort nécessaire pour obtenir un nouvel affaissement va rapidement en croissant; la figure 155 permet de constater que, pour une augmentation de pression donnée, l'affaissement de l'éprouvette est d'autant plus grand que le bois est d'essence tendre.

Dans l'essai de compression en bout, l'effort va en diminuant après le début de l'écrasement.

§ 21. — VARIATION DE LA CAPACITÉ DE DÉFORMATION DU BOIS SUIVANT LA DIRECTION DE L'EFFORT PAR RAPPORT A LA DIRECTION DES FIBRES

On sait que, lorsqu'on enfonce un clou en bout, entre les fibres trop près du bord d'une planche ou d'un trop gros diamètre, le bois se fend, c'est-à-dire que le bois se fissure, et que les fibres s'écartent sous la pression du clou. Il importe donc de mesurer la capacité de déformation du bois suivant la direction de l'effort par rapport à la direction des fibres.

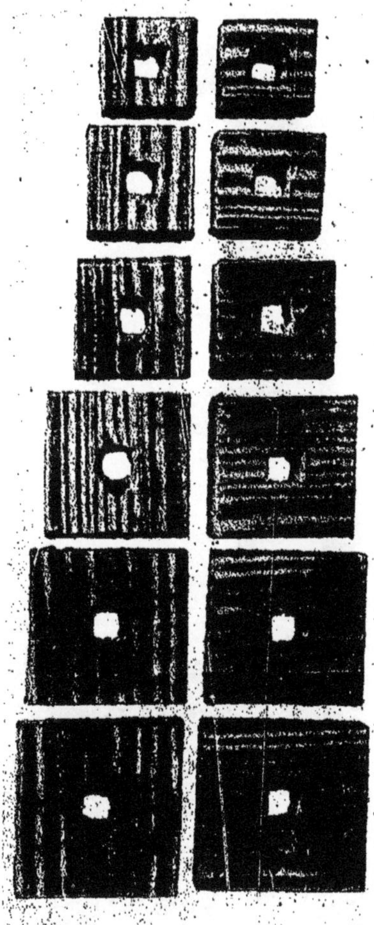

Fig. 156. — Série de 12 éprouvettes carrées de même épaisseur et de surfaces croissantes, destinées à subir l'essai de traction en long et en travers.

Pour obtenir ces renseignements sur les planches dans lesquelles j'ai préparé les éprouvettes cubiques qui m'ont servi aux essais de compression précédents, j'ai découpé dans chacune d'elles 12 éprouvettes *carrées* ayant toute

Fig. 157. — Dispositif pour effectuer l'essai de traction des éprouvettes fig. 156.

l'épaisseur de ces planches : un centimètre, mais ayant des surfaces de plus en plus grandes, comme le montre la figure 156; et, au milieu de ces éprouvettes carrées, j'ai percé un trou carré de 5 × 5 millimètres, destiné au passage d'un poinçon spécial refoulant le bois comme le fait le clou, mais opérant ainsi dans un seul sens à la fois par rapport à la direction des fibres; deux éprouvettes étant de mêmes dimensions, la première est essayée dans un sens et la seconde dans l'autre sens et, les éprouvettes étant de dimensions différentes, la longueur de bois en prise varie de 5 à 11 millimètres de chaque côté du poinçon.

Pour obtenir le résultat cherché, le poinçon est d'épaisseur constante, mais de largeur croissante, les deux faces opposées qui opèrent la pression font entre elles un angle de 6°.

La figure 157 montre le dispositif employé pour ces expériences : la petite éprouvette carrée de bois à essayer est placée sur deux barres métalliques parallèles légèrement écartées pour permettre le passage de l'extrémité du poinçon, celui-ci est poussé graduellement par la vis de la machine déjà figurée (fig. 148 et 149) et l'appareil enregistreur trace le diagramme de l'opération.

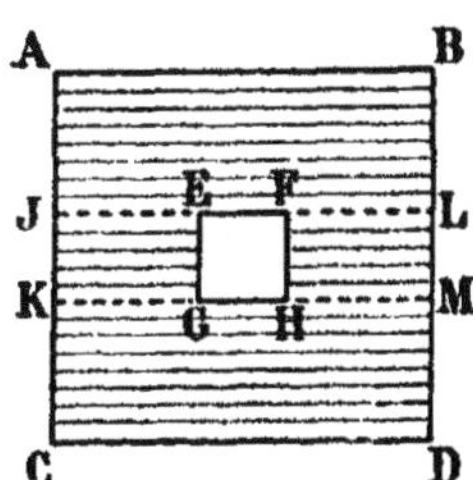

Fig. 158. — Schéma des plaquettes destinées à mesurer la capacité de déformation du bois.

Ce diagramme indique en ordonnées l'effort sur le coin-poinçon et en abscisses la course de ce coin; toutes choses égales, l'effort et la course varient avec l'angle du coin, les mesures données par ces diagrammes sont donc relatives et non absolues; le calcul permet cependant d'en déduire les valeurs réelles, mais les premières suffisent pour permettre de comparer les capacités de déformation du bois suivant qu'on opère dans le sens en long, parallèlement aux fibres, ou en travers.

Voyons comment se sont effectués les essais.

Soit ABCD (fig. 158) une de ces plaquettes de bois destinée à recevoir le coin-poinçon enfoncé dans le trou carré EFGH; la déformation différera suivant le sens dans lequel sera enfoncé le coin par rapport à la direction des fibres du bois, que nous supposons parallèles aux côtés AB et CD. Quand les deux faces opposées du poinçon qui opèrent la pression sont parallèles aux côtés EF et GH, c'est-à-dire parallèles à la direction des fibres, l'effort *tendra à écarter* les deux rectangles ABJL et KMCD; la rupture se fera ou bien suivant une des deux lignes JL ou KM, ou bien partie sur l'une, partie sur l'autre, soit JEHM, soit KGFL; cette rupture se fera par deux fissurations graduelles commençant naturellement au carré EFGH et progressant suivant la fibre qui a cédé jusqu'à ce que les deux fissures aient atteint les bords respectifs AC et BD. Quand les

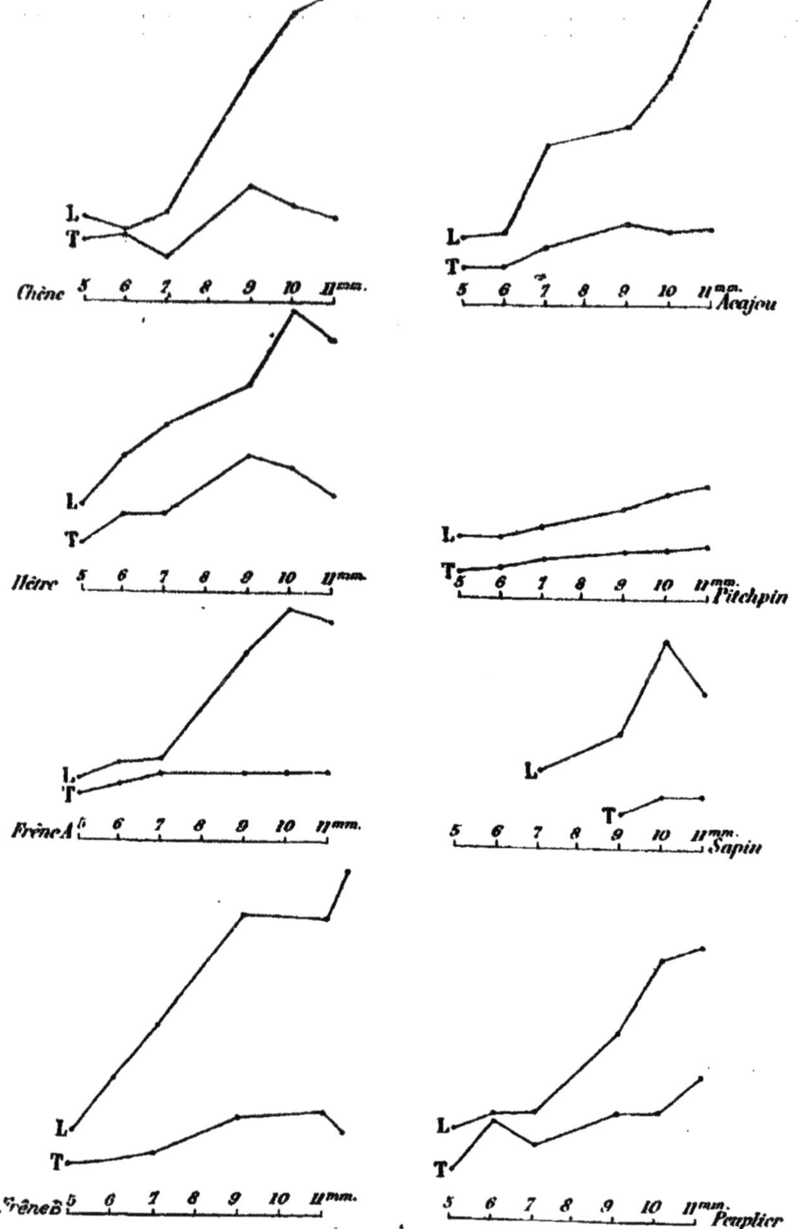

Fig. 159 à 166. — Graphiques des capacités de déformation en long L et en travers T des fibres de huit échantillons de bois d'essences différentes. En abscisses : les dimensions des éprouvettes. En ordonnées : les déformations avant rupture.

deux faces opposées du poinçon qui opèrent la pression sont parallèles aux côtés EG et FH, c'est-à-dire perpendiculaires à la direction des fibres, ces faces inclinées du poinçon refoulent les deux rectangles EGJK et FHLM et l'effort tend à faire cisailler ces deux rectangles suivant les lignes EJ et GK, pour le rectangle de gauche de la figure, et FL et HM pour le rectangle de droite. Dans toutes ces éprouvettes, le petit côté de ces rectangles est constant, il a 5 millimètres de longueur, mais le grand côté va croissant d'éprouvette en éprouvette de 5 à 11 millimètres. La résistance au cisaillement va donc, pour la série des échantillons d'un même morceau de bois, aussi en croissant suivant la longueur de ce côté, ainsi que le montrent d'ailleurs les résultats des essais donnés pour huit échantillons de bois d'essences différentes par les graphiques (fig. 159 à 166). Chacun de ces 8 graphiques donne, pour un même échantillon de bois, les capacités de déformation en long (L) et en travers (T) des fibres.

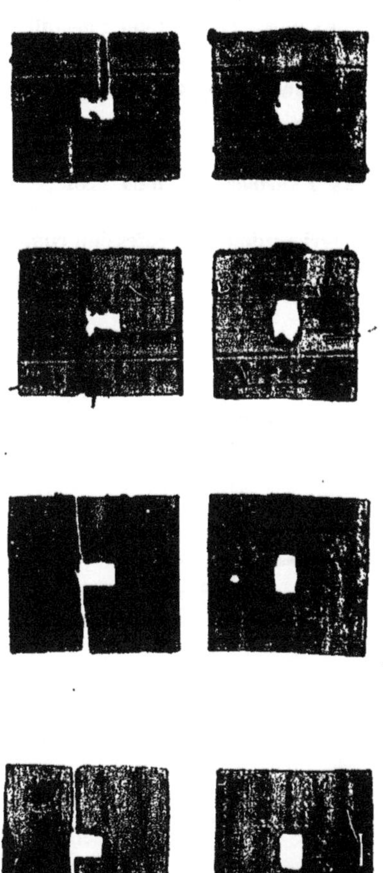

Fig. 167. — Mode de rupture des éprouvettes soumises à l'essai de traction effectué en long et en travers des fibres.

En abscisses, les dimensions des éprouvettes, c'est-à-dire la longueur du plus grand côté du rectangle (de 5, 6, 7, 9, 10 et 11 millimètres), en ordonnées, l'affaissement ou la déformation avant la rupture, ainsi qu'il a été expliqué à propos du fonctionnement du coin-poinçon et du diagramme enregistré.

La figure 167 montre les deux modes différents de rupture des éprouvettes suivant le sens de l'enfoncement du coin-poinçon. Quand le coin est enfoncé dans le sens des fibres, l'effort est dirigé en long, les parties de bois en contact avec les deux faces inclinées du poinçon sont refoulées et s'affaissent, et cet affaissement est d'autant plus important que la longueur à cisailler est grande; et, sur le graphique, on constate que la déformation a été proportionnelle à la longueur cisaillée. Quand le poinçon est enfoncé dans l'autre sens, transversalement aux fibres, l'effort tend à décoller graduellement les fibres, il ne se fait pas de cisaillement en travers, parce que la résistance transversale de celles-ci est de beaucoup supérieure à leur résistance d'adhérence.

§ 22. — DÉFORMATION DES FIBRES DU BOIS PAR L'ENFONCEMENT D'UN CLOU

L'hypothèse généralement émise par les ouvriers dont la profession comporte l'emploi de clous : les emballeurs, les menuisiers, les charpentiers, etc.,

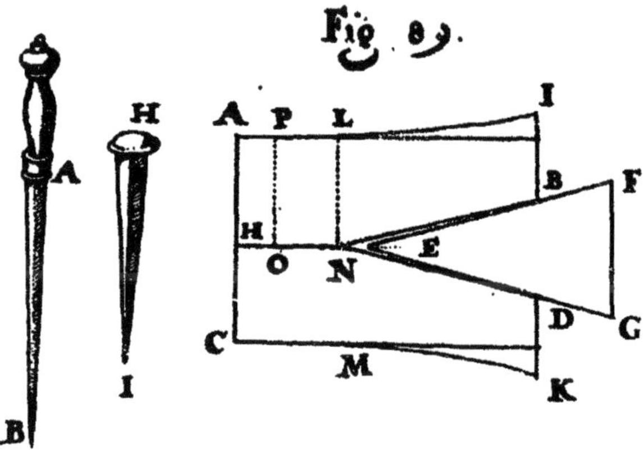

Fig. 168. — Reproduction d'une gravure publiée en 1629 et donnant l'hypothèse du phénomène d'enfoncement du clou.

est que le clou pénètre dans le bois, pour y faire son logement, comme un coin qui écarte latéralement les fibres du bois.

Cette hypothèse se trouve représentée par le tracé schématique figure 168, reproduite d'après un livre imprimé en 1629 (1).

L'auteur admet que la pénétration du poignard dans la chair, du clou dans le bois, s'effectue à la façon d'un coin qu'on chasse de force pour vaincre la résistance qu'opposent les fibres du bois à leur écartement.

C'est bien, en effet, à peu près ainsi que le phénomène se passe quand on enfonce un clou *en bout* d'un morceau de bois, c'est-à-dire dans une direction parallèle à l'axe de la tige de l'arbre. Le clou sépare alors les vaisseaux et les fibres les uns des autres, et la résistance est faible et constante, parce que la

(1) Danielem Mögling, *Mechanischer, Kunst-Kammer*, etc., Francfort-sur-Mein, 1629, p. 154.

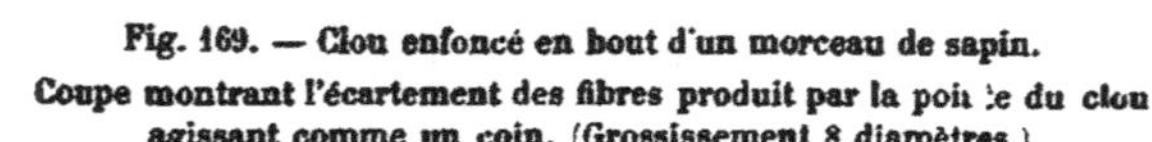
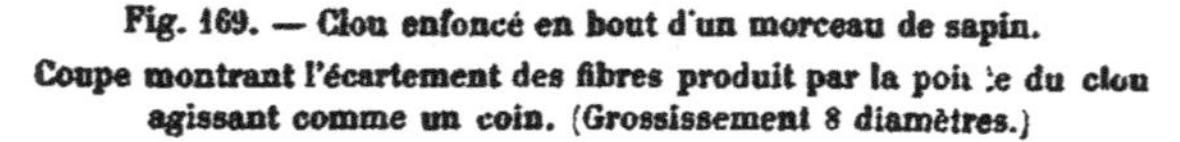

Fig. 169. — Clou enfoncé en bout d'un morceau de sapin.
Coupe montrant l'écartement des fibres produit par la poi[illegible]te du clou agissant comme un coin. (Grossissement 8 diamètres.)

Fig. 170. — Clou enfoncé en bout d'un morceau de chêne.
Coupe montrant l'écartement des fibres produit par la pointe du clou agissant comme un coin (8 diamètres).

rupture s'effectue en écartant et déchirant des éléments homogènes et peu résistants.

Les figures 169 et 170 montrent cet écartement des vaisseaux et des fibres du bois livrant passage au clou enfoncé *en bout* dans du sapin et dans du chêne : on voit dans le bois, à l'extrémité de la pointe du clou, l'amorce de la fissure. Les vaisseaux (parties claires du bois) sont les plus faibles, aussi s'affaissent-ils sous la pression, tandis que les fibres (parties plus sombres), plus pleines et plus résistantes, ne se déforment qu'insensiblement.

Dans cet enfoncement du clou en bout du morceau de bois, il suffit d'un faible effort pour déchirer longitudinalement les éléments histologiques des fibres et des vaisseaux et leur pression sur la tige du clou est très faible puisque

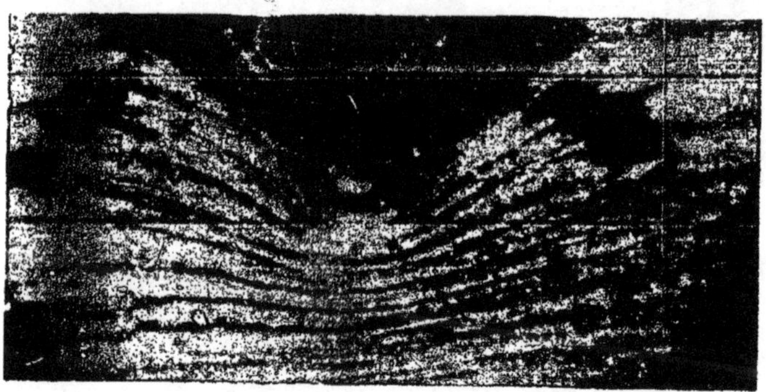

Fig. 171. — Déformation en entonnoir des fibres et vaisseaux du bois sous la pression de la pointe du clou (8 diamètres).

leur cohésion est faible ; la pression latérale sur le clou étant faible, celui-ci n'a presque pas d'adhérence dans le bois ; le clou n'a pas de *tenue*. Il n'y a pas d'autres déformations latérales à la tige du clou parce que son frottement est très faible, tandis que les vaisseaux et les fibres ont au contraire une grande résistance dans le sens axial ainsi que nous l'avons constaté dans l'essai à la compression effectué précédemment en bout de quelques échantillons de bois ; aussi, sous ce faible frottement latéral, elles ne peuvent être entraînées et ne subissent pas d'autre déformation que leur écartement les unes des autres.

L'enfoncement du clou *en bout* du bois est donc un cas spécial et défectueux au point de vue de la résistance.

En pratique industrielle, le clou est presque toujours enfoncé perpendiculairement à l'axe de la tige de l'arbre et par conséquent aux fibres et aux vaisseaux et, dans ce cas, les déformations du bois sont différentes.

Dans ce cas général, le clou est enfoncé transversalement par rapport à l'axe de la tige de l'arbre, il refoule alors fibres et vaisseaux qui, sous la pression de la pointe conique, s'infléchissent et prennent la forme d'entonnoir. La figure 171 montre bien cette déformation.

Dans ce refoulement, les éléments histologiques fibres et vaisseaux résistent à la fois, au centre à l'effort tranchant de la pointe du clou et à l'autre extré-

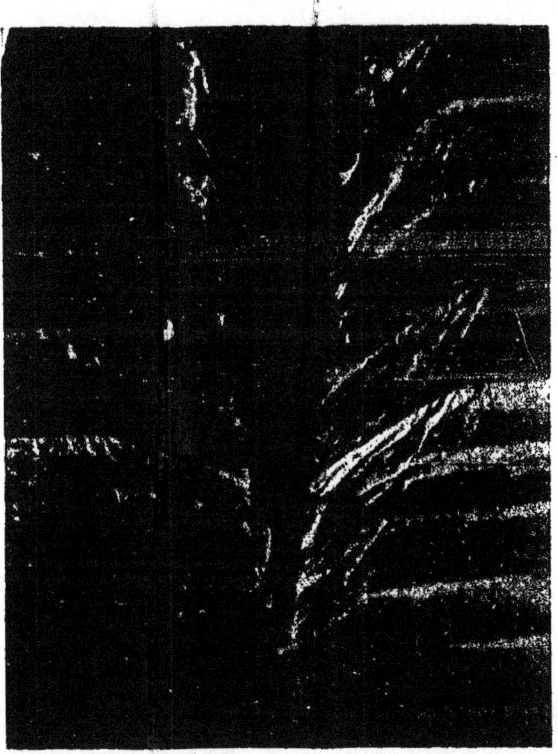

Fig. 172. — Tranchage et refoulement latéral des fibres du bois, par la pointe aiguë du clou (dans du sapin) (grossissement 8 diamètres).

mité à la périphérie, ils résistent au moment fléchissant. La rupture des fibres du bois à l'enfoncement du clou peut donc s'opérer de deux façons différentes, soit au sommet du cône par l'acuité tranchante de la pointe du clou, soit à la base du cône, c'est-à-dire à la périphérie de l'entonnoir.

Les figures 172 et 173 montrent la déformation des fibres quand elles sont tranchées par une pointe très aiguë et refoulées latéralement par la surface conique de cette pointe.

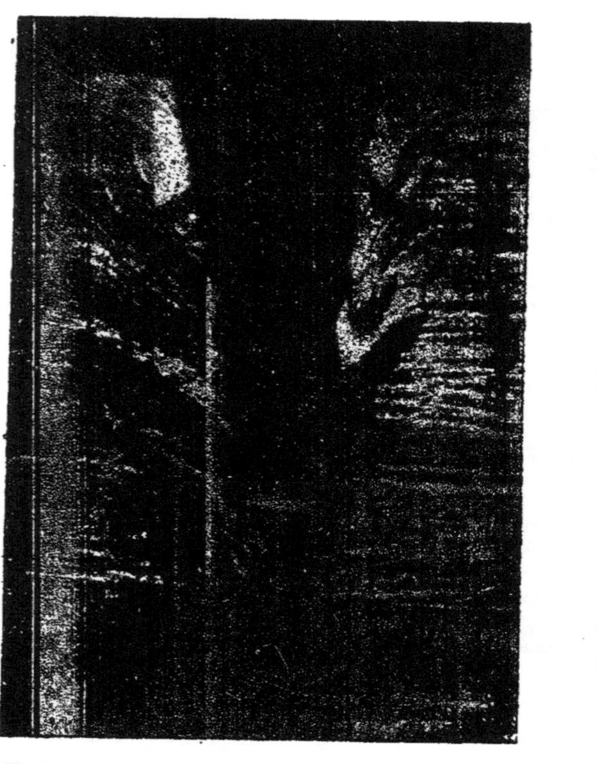

Fig. 173. — Tranchage et refoulement latéral des fibres du bois, par la pointe aiguë du clou (dans du chêne) (8 diamètres).

Fig. 174. — Déformation des fibres après leur tranchage par la pointe aiguë. Coupe d'un morceau de chêne après arrachement du clou (8 diamètres).

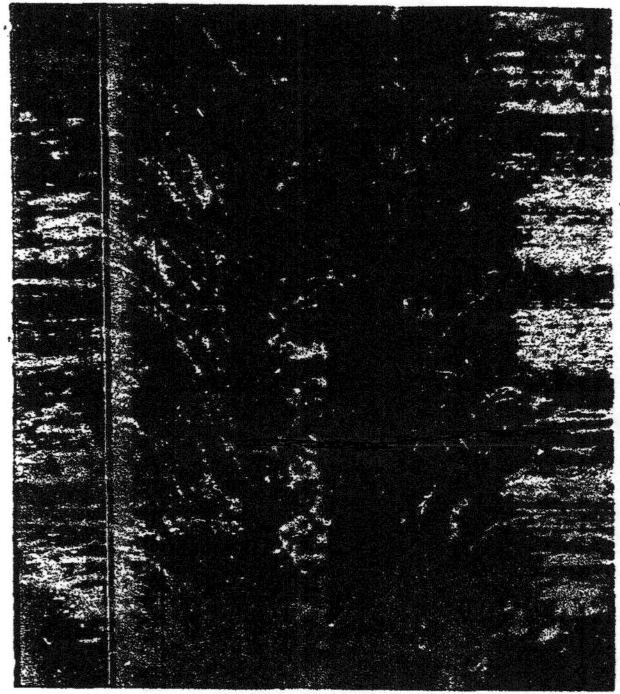

Fig. 175. — Déformation des fibres après leur tranchage par la pointe aiguë. Coupe d'un morceau de chêne après arrachement du clou (8 diamètres).

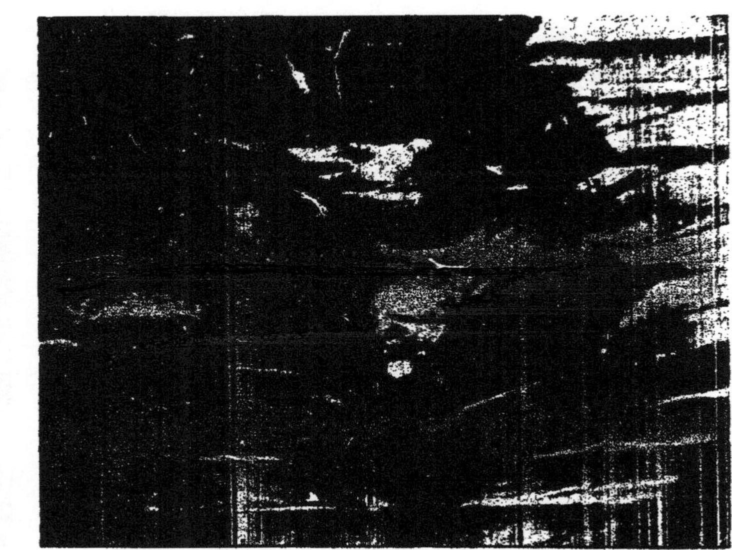

Fig. 176. — Arrachement des fibres du bois quand la pointe du clou est plus ou moins mousse (bois de sapin) (8 diamètres).

Fig. 177. — Arrachement des fibres du bois quand la pointe du clou est plus ou moins mousse (bois de sapin) (8 diamètres).

Fig. 178. — Rupture mixte des fibres du bois, les unes sont tranchées par la pointe, les autres sont arrachées (bois de chêne) (8 diamètres).

Les figures 174 et 175 montrent leur déformation après l'enfoncement de la tige du clou.

Quand, au contraire, la pointe manque d'acuité, qu'elle est mousse, la résistance au tranchage par une telle pointe augmente dans de grandes proportions. La pression sur le clou fait alors refouler les fibres sans les trancher, ainsi qu'on le voit (fig. 176 et 177) ; dans ce refoulement des fibres sous la pointe du clou, celles-ci subissent un effort de flexion à la base du cône de déformation, et un effort de traction par la pointe obtuse du clou ; il y a alors rupture à la périphérie du cône et arrachement des fibres.

Quand, pour un bois et un clou donnés, les différences de résistance au tranchage de la pointe et de la flexion des fibres sont assez faibles, on constate des ruptures mixtes, c'est-à-dire tantôt au centre, tantôt à la périphérie (fig. 178).

§ 23. — CAUSES DE RÉSISTANCE DU CLOU A L'ARRACHEMENT

Le clou, une fois enfoncé, présente à l'arrachement une résistance d'adhérence résultant du frottement de sa surface sur la paroi de son logement par suite de la compression latérale du bois ; c'est là d'ailleurs la propriété, la qualité qu'on lui demande.

A l'inspection des diagrammes fig. 154, on constate, qu'au début de l'arrachement, la résistance est maximum et qu'ensuite, souvent après une petite chute, cette résistance est proportionnelle à la longueur de tige encastrée.

A l'arrachement, on constate très souvent des *broutements* dont la trace est d'ailleurs marquée sur le diagramme par une forme hachée, au moins dans certaines parties, notamment au début de l'arrachement.

Or il n'y a jamais de broutements à l'enfoncement même lorsque l'opération est effectuée statiquement, c'est-à-dire sous une pression graduée.

Enfin on constate que la résistance due au frottement seul de la tige du clou, c'est-à-dire sans la résistance à la pénétration de la pointe, ainsi que nous l'avons expliqué antérieurement à propos de l'enfoncement, est moins élevée que la résistance due au frottement pendant l'arrachement ; ce qu'on peut exprimer plus simplement en disant que le frottement à l'arrachement est plus élevé que le frottement à l'enfoncement.

Or, tous ces phénomènes sont dus à la position inclinée, par rapport à l'axe du clou, des fibres du bois qui ont été refoulées par la pointe du clou ainsi que nous l'avons longuement expliqué.

La figure 175 est un bel exemple de cette déformation des fibres du bois consécutive à l'enfoncement d'un clou ordinaire dans un morceau de chêne.

Ces fibres inclinées ont le maximum de résistance à l'écrasement puisqu'elles transmettent l'effort dans leur sens longitudinal, c'est-à-dire qu'elles *travaillent en bout*, ce qui leur permet de supporter un effort de quatre à dix fois plus élevé que si elles travaillaient à plat, comme nous l'avons vu, puis, arc-boutées d'une extrémité sur la surface du clou, elles transmettent l'effort par l'autre extrémité appuyée sur le *plat* des fibres; mais, cette fois, la pression est répartie sur une surface beaucoup plus grande, environ *deux fois et demie* sur la figure 175, de sorte que si les fibres s'affaissent plus facilement parce qu'elles travaillent à plat. D'un autre côté, elles ont une moindre pression à supporter par surface élémentaire, ce qui leur permet de bien se comporter en offrant une résistance totale assez élevée; et la déformation élastique est d'autant plus résistante qu'il y a une plus grande masse de matière en prise. La nature fait bien les choses dans cette distribution des efforts en utilisant une heureuse déformation des fibres du bois.

Les fibres qui se sont inclinées se sont, dans cette déformation, en partie isolées en se détachant les unes des autres, comme on le voit sur la figure 177 par exemple; aussi, dans la compression qu'elles subissent en bout par suite de la transmission de l'effort, elles fléchissent élastiquement, ce qui cause la petite chute initiale dans l'effort d'arrachement et le broutement par les inflexions élastiques longitudinales successives. Pendant l'enfoncement, ces fibres inclinées tendent, de par leur position, à s'écarter et à livrer passage à la tige du clou en n'appuyant sur celle-ci que d'une pression plus faible puisque, alors, elles résistent par le plat des fibres inclinées et déformées

§ 24. — COMPARAISON DES DEUX MODES D'ENFONCEMENT DU CLOU : ENFONCEMENT STATIQUE ET ENFONCEMENT DYNAMIQUE

La pression nécessaire pour enfoncer un clou dans du bois étant plus élevée que celle qu'un ouvrier peut produire en appuyant directement sur la tête du clou avec sa main, il est obligé d'employer un procédé mécanique lui permettant d'augmenter la force dont il dispose par sa main, soit en l'amplifiant à l'aide d un bras de levier, soit en l'accumulant pour la restituer utilement sous le mode de choc; en pratique, c'est ce second prodédé : le choc par le marteau, qui est universellement employé.

Pour l'etude expérimentale de l'enfoncement du clou, c'est le premier procédé qui est le plus commode; en effet, par la pression, on peut enregistrer le travail de l'opération et le diagramme obtenu en permet l'étude; par le choc, il faudrait de nombreux tâtonnements.

Mais il est indispensable de contrôler la corrélation des deux modes d'enfoncement du clou, car, si l'enfoncement statique n'était pas identique à l'enfoncement dynamique, les mesures obtenues n'auraient aucune valeur utile puisqu'elles seraient différentes de celles qu'on produit dans la pratique industrielle.

En conséquence, j'ai choisi quelques morceaux de bois : chêne, frêne, etc., et j'ai enfoncé un même clou de $4^{mm},4$ de diamètre (n° 20), 1° avec un marteau à main d'un poids de $0^{kg},400$; 2° avec un marteau à main du poids de 1 kilogramme ; ces deux poids correspondant à peu près au plus petit et au plus gros marteau employés pour cet usage ; 3° avec un mouton de 10 kilogrammes tombant de hauteur déterminée ; 4° avec la presse statique déjà décrite (fig. 148 et 149).

Dans un premier morceau de chêne, voici les résultats obtenus :

1° Avec le petit marteau de $0^{kg},4$ pour enfoncer la tige de ce clou à une profondeur de 57 millimètres, il a fallu, dans une série d'essais, de 7 à 9 coups. L'effort moyen d'arrachement a été de $9^{kg},54$ par millimètre de longueur de tige enfoncée.

2° Avec le marteau de 1 kilogramme, il faut 4 coups et l'effort d'arrachement, dans plusieurs essais, a varié de $9^{kg},36$ à $9^{kg},64$ par millimètre.

3° Avec le mouton de 10 kilogrammes tombant de $1^{m},55$, l'effort d'arrachement a été de $8^{kg},14$.

4° Statiquement, avec la presse, l'effort d'arrachement a été de $8^{kg},20$, $8^{kg},70$ et $9^{kg},40$.

On voit, par cette première série d'essais, que, pour le même clou enfoncé dans le même morceau de bois, l'effort d'arrachement a varié de $8^{kg},20$ à $9^{kg},40$ quand le clou a été enfoncé statiquement et qu'il a été de $8^{kg},14$ à $9^{kg},64$ quand le clou a été enfoncé par choc avec des vitesses et des puissances différentes. Les résultats sont donc absolument concordants.

Avec un autre morceau de chêne, j'ai eu une résistance à l'arrachement de $7^{kg},65$ à $8^{kg},65$ par millimètre d'enfoncement par le choc, et $8^{kg},48$; $8^{kg},65$ et 9 kilogrammes par millimètre d'enfoncement statique.

Avec un morceau de frêne, les essais après enfoncement au choc ont donné une résistance à l'arrachement de $9^{kg},20$, 10 kilogrammes et $10^{kg},15$ par millimètre d'enfoncement. Les essais après enfoncement statique ont donné une moyenne de $10^{kg},15$ par millimètre d'enfoncement.

Dans un morceau de sapin, l'effort d'arrachement, après enfoncement au choc, a été de $1^{kg},300$ par millimètre et de $1^{kg},380$ après enfoncement statique.

Dans un morceau de hêtre, l'effort d'arrachement après enfoncement au choc a été de $7^{kg},73$ à $9^{kg},16$ par millimètre, et de 9 kilogrammes après enfoncement statique.

Ces expériences comparatives, répétées un assez grand nombre de fois sur des bois différents, n'ont jamais donné, après enfoncements au choc ou à la presse, d'écarts de résistance à l'arrachement plus importants que ceux qui résultent seulement de l'hétérogénéité du bois, et ces écarts ont été d'autant plus faibles que les bois employés étaient plus homogènes ; on peut donc considérer que la résistance à l'arrachement d'un clou est la même, que l'enfoncement ait été fait au marteau ou à la presse. Les résultats de l'étude sur clous enfoncés statiquement correspondent donc d'une manière suffisante à ceux que l'on obtiendrait en étudiant par tâtonnements sur des clous enfoncés au marteau, puisqu'il y a identité pratique entre les résultats obtenus par ces deux procédés mécaniques.

§ 25. — MÊME QUANTITÉ DE TRAVAIL DÉPENSÉE POUR ENFONCER UN CLOU, SOIT PAR PRESSION STATIQUE, SOIT PAR CHOC DU MARTEAU

Il était indispensable de constater la même résistance *à l'arrachement*, la même tenue du clou enfoncé, soit par choc soit par pression graduée, comme il vient d'être expliqué; il est utile de savoir si, *à l'enfoncement*, la quantité de travail est différente suivant qu'on emploie, pour enfoncer le clou, l'un ou l'autre de ces deux procédés mécaniques.

J'ai effectué les essais avec le clou de $5^{mm},8$ de diamètre, de 7 millimètres de hauteur de pointe et de 142 millimètres de longueur totale, enfoncé statiquement à la presse, puis au choc d'un marteau à main et enfin au choc d'un mouton, dans du sapin et dans du chêne, choisis aussi homogènes que possible.

Le diagramme d'enfoncement statique de ce clou dans le sapin indique qu'il faut un effort maximum de 90 kilogrammes pour faire pénétrer complètement la pointe et que l'effort pour vaincre le frottement de la tige du clou pendant sa pénétration statique dans ce sapin est en moyenne de $3^{kg},66$ par millimètre de profondeur.

Le diagramme d'enfoncement statique dans le chêne indique qu'il faut un effort de 150 kilogrammes pour faire pénétrer toute la pointe du clou et que l'effort pour vaincre le frottement de la tige du clou pendant sa pénétration statique dans ce chêne est, en moyenne, de 10 kilogrammes par millimètre de profondeur.

Si nous appelons : Ep l'effort nécessaire pour faire pénétrer la pointe du clou à fleur de la surface du bois; et Et, l'effort nécessaire pour vaincre le frottement de la tige seule,

P la longueur de la pointe ou hauteur de son cône, et T la longueur de la tige enfoncée dans le bois,

On aura, pour la quantité du travail nécessaire pour enfoncer statiquement ce clou à une profondeur déterminée :

1° Le travail de la pénétration de la pointe seule jusqu'à affleurement, soit

$$Ep \times \frac{P}{2} \qquad (1)$$

2° Le travail de la pénétration de la pointe de son affleurement à l'extrémité de l'enfoncement, ce qui correspond à la longueur d'enfoncement de la tige T et le travail sera

$$Ep \times T \qquad (2)$$

3° Le travail nécessaire pour vaincre le frottement de la tige, soit

$$Et \times \frac{T}{2} \times T = Et \times \frac{T^2}{2} \qquad (3)$$

1ᵉʳ *Essai*. — J'ai fait pénétrer ce clou dans le sapin, à l'aide d'un marteau dynamométrique (fig. 141); après 5 coups de ce marteau le clou était enfoncé de 100 millimètres soit 7 millimètres pour P, la longueur de la pointe, et 93 millimètres pour T, la longueur de la tige.

J'ai dit que chacun de ces coups du marteau dynamométrique avait une puissance moyenne de 4,9 kilogrammètres ; la dépense de travail pour cet enfoncement du clou est donc de 4,9 × 5 = 24,5 kilogrammètres.

En appliquant les formules et les efforts déduits du diagramme on a, pour un même enfoncement effectué statiquement dans ce sapin :

(1)	$\frac{90 \text{ kg.} \times 7 \text{ mm.}}{2}$	$= 0^{kgm},285$
(2)	90 kg. × 93 mm.	$= 8^{kgm},370$
(3)	$\frac{3,66 \times 93^2}{2}$	$= 15^{kgm},810$
	Total.	$= 24^{kgm},465$

Dans ce premier essai, le travail dépensé par le choc des 5 coups de marteau peut donc être considéré comme étant le même que celui qui a été dépensé par l'enfoncement statique.

2ᵉ *Essai* — Enfoncement du clou sous le choc d'un mouton de $10^{kg},150$ tombant de $2^m,60$ T = $26^{kgm},39$; l'enfoncement total a été de 104 millimètres, soit 7 millimètres pour la pointe et 97 millimètres pour la tige.

Le travail dépensé pour un enfoncement statique semblable est de

(1)	$\frac{90 \text{ kg.} \times 7 \text{ mm.}}{2}$	$= 0^{kgm},285$
(2)	90 kg. × 97 mm.	$= 8^{kgm},730$
(3)	$\frac{3,66 \times 97^2}{2}$	$= 17^{kgm},270$
	Total.	$= 26^{kgm},285$

La différence de travail dépensé statiquement et dynamiquement est donc insignifiante.

3ᵉ *Essai*. — Dans le chêne choisi, comme il a été dit, j'ai enfoncé le même clou en donnant 5 coups de mouton de $10^{kg},150$, tombant tous de 48 centimètres de hauteur environ, soit $24^{kgm},36$, l'enfoncement total a été de $63^{mm},5$.

Le travail dépensé pour un enfoncement statique semblable est de :

$$(1)\quad \frac{150 \text{ kg.} \times 7 \text{ mm.}}{2} = 0^{kgm},540$$

$$(2)\quad 150 \text{ kg.} \times 56^{mm},5 = 8^{kgm},470$$

$$(3)\quad \frac{10 \text{ kg.} \times 56{,}5^2}{2} = 15^{kgm},960$$

$$\text{Total.} = 24^{kgm},970$$

Dans ce 3e essai sur du chêne, la dépense de travail doit donc être considérée comme étant la même, que l'enfoncement du clou soit effectué par choc ou par pression statique.

Or, comme je l'ai déjà rappelé (p. 372) à propos du travail dépensé pour l'écrasement de la tête du clou, on sait que, pour produire un même résultat obtenu par la compression, il faut, quand on opère par choc, une plus grande dépense de travail.

Puisque, dans ces essais d'enfoncement du clou, la quantité de travail est, à peu de chose près, la même, que le clou soit enfoncé statiquement ou dynamiquement, il faut en conclure que, dans ce dernier cas, il y a un amortissement graduel de la force vive du marteau, probablement par suite d'un phénomène d'inertie, les fibres du bois, projetées brusquement par la pointe du clou, mettent un temps très court, mais appréciable, pour reprendre leur position finale, et que pendant ce temps le clou avance sans subir tout l'effort du frottement.

J'ai réitéré ces essais et j'ai toujours constaté que les écarts n'étaient pas assez sensibles pour être attribués au procédé mécanique, mais seulement à l'hétérogénéité relative du bois employé.

§ 26. — INFLUENCE DE LA VITESSE DANS LE CHOC

A la suite d'un assez grand nombre de ces essais effectués au mouton avec des vitesses différentes, par exemple en donnant 5 coups d'environ 5 kilogrammes, ce qui correspond à peu près au coup de mon marteau à main dynamométrique, puis en donnant un seul coup du mouton de 25 kilogrammes, j'ai cru remarquer que, pour une même dépense du travail, il y avait un léger avantage obtenu par le choc à plus grande vitesse et donnant la puissance totale d'un seul coup ; la vitesse d'enfoncement peut donc avoir une influence, mais cette influence est faible et peu sensible, surtout en comparaison des écarts dus à l'hétérogénéité du bois.

Ainsi, ce même clou, enfoncé dans le sapin par 5 coups de mouton de

47 centimètres de hauteur de chute, a pénétré de 92 millimètres de longueur de tige et, frappée par un seul coup d'une hauteur de chute équivalente à la somme des 5 chutes précédentes, soit $2^{m},35$, la tige s'est enfoncée de $93^{mm},5$.

Dans le chêne, 6 coups d'une valeur totale de $2^{m},75$ de hauteur de chute ont donné un enfoncement de 58 millimètres, et le choc en un seul coup a donné un enfoncement de 60 millimètres.

§ 27. — INFLUENCE DE LA SURPRESSION DANS L'ENFONCEMENT DU CLOU

Dans mes expériences effectuées en vue de mesurer les résistances à l'enfoncement et à l'arrachement du clou, j'ai toujours eu soin de limiter la pression statique à l'enfoncement en me guidant sur le diagramme pour ne pas dépasser l'effort nécessaire, et souvent même je n'ai pas enfoncé complètement le clou pour éviter de lui donner une pression surélevée, c'est-à-dire supérieure à celle qui est strictement nécessaire pour produire l'enfoncement complet du clou.

Mais, en pratique, il n'en est pas ainsi, et le choc du dernier coup de marteau peu produire une pression maximum instantanée plus élevée que celle qui est juste nécessaire pour l'enfoncement complet du clou.

Certains ouvriers ont même l'habitude de donner un coup de marteau supplémentaire, après l'enfoncement complet, probablement dans le but d'effectuer consciencieusement le travail par application de l'adage : clou martelé n'entre que plus avant. Il est donc nécessaire de connaître l'influence de cette surpression instantanée.

Or, sous l'effet de cette surpression, le bois s'affaisse élastiquement, le clou entre un peu plus avant, puisque l'épaisseur serrée est légèrement diminuée; mais, aussitôt que la surpression cesse, le clou maintenu par l'adhérence, reste à cet enfoncement maximum et le bois reste aussi comprimé élastiquement, produisant ainsi élastiquement une contre-pression qui diminue d'autant la résistance du clou à l'adhérence, la *tenue* de celui-ci est ainsi sensiblement diminuée.

Pour donner une idée de cette perte de résistance du clou à l'adhérence par suite de surpression, je donnerai à titre d'exemple deux essais, l'un par enfoncement statique, l'autre par enfoncement dynamique.

Un clou de $3^{mm},30$ de diamètre a été enfoncé dans du chêne, sur une longueur de 38 millimètres de sa tige. L'effort maximum pour faire pénétrer la pointe à fleur du bois a été de 96 kilogrammes et la pression finale à la fin de l'enfoncement total a été de 360 kilogrammes, ce qui donne, pour le frottement à l'enfoncement : 7 kilogrammes par millimètre de tige enfoncé. L'effort d'arrachement a été aussi de 360 kilogrammes, soit $9^{kg},50$ par millimètre de tige.

Enfoncé à nouveau dans le même chêne, mais sous une pression statique de 545 kilogrammes, ce qui constitue une surpression de 545-360 = 185 kilogrammes, soit environ 50 p. 100 de la pression nécessaire. L'effort d'arrachement pour produire le premier et léger glissement a été seulement de 270 kilogrammes, soit $7^{kg},1$ par millimètre de tige enfoncé; le deuxième glissement s'est produit sous un effort de 285 kilogrammes, soit $7^{kg},5$ par millimètre, le troisième glissement sous 310 kilogrammes, soit $8^{kg},15$ par millimètre; le quatrième glissement sous 326 kilogrammes, soit $8^{kg},58$ par millimètre.

Ces quatre glissements correspondent à l'affaissement élastique résultant de la surpression, affaissement d'environ un demi-millimètre au maximum. L'augmentation de résistance au fur et à mesure des glissements s'explique par la diminution de la compression élastique antagoniste au fur et à mesure de l'arrachement; mais, quoi qu'il en soit, la résistance maximum après cette surpression n'a atteint que $8^{kg},58$, alors que la résistance *initiale* et maximum du premier essai sans surpression a été de $9^{kg},50$ par millimètre de tige enfoncé.

Dans cet essai statique, la dépense de travail indiquée par le diagramme a été de :

$$\left.\begin{array}{l}\left.\begin{array}{l}\dfrac{96\text{ kg.}\times 0^{m},005}{2}=0^{kgm},240\\[2ex] 96\text{ kg.}\times 0^{m},038=3^{kgm},648\end{array}\right\}\text{Pénétration de la pointe.}\\[4ex] \left.\dfrac{264\text{ kg.}\times 0^{m},038}{2}=5^{kgm},016\right\}\text{Frottement.}\end{array}\right\}\text{ ensemble }=8^{kgm},9.$$

J'ai alors enfoncé le même clou dans le même morceau de bois en donnant un choc plus puissant à l'aide d'un coup de mouton de $9^{kg},850$ tombant de $1^{m},235 = 12^{kgm},16$.

La surpression a été plus élevée que précédemment; le premier glissement a eu lieu sous un effort de 90 kilogrammes, soit $2^{kg},37$ par millimètre de tige enfoncé, et, après dix petits glissements successifs par broutement, ce qui correspondait à peu près à un millimètre pour l'affaissement élastique produit par la surpression, l'effort d'arrachement a été de 210 kilogrammes, soit $5^{kg},52$ pour la résistance maximum à l'arrachement au lieu de $9^{kg},50$ obtenu pour l'enfoncement statique strictement nécessaire. Le choc *même très léger* donné en surcroît peut faire descendre sensiblement la résistance à l'adhérence, ainsi qu'il vient d'être montré et comme j'ai eu l'occasion de le constater dans de nombreuses expériences qu'il serait superflu de rapporter.

§ 28. — INFLUENCE DU GRAISSAGE DU CLOU

Le frottement ayant une grande importance dans l'enfoncement et dans l'arrachement du clou, on pense bien que le graissage doit avoir une influence sensible sur sa résistance.

Pour donner une idée au moins approximative de cette influence, j'ai effectué quelques expériences. Un clou de 4^{mm},40, enfoncé dans un morceau de chêne, a exigé 96 kilogrammes pour l'effort de pénétration de la pointe à fleur de la surface du bois, puis un effort de 7 kilogrammes par millimètre d'enfoncement; à l'arrachement, l'effort a été de 8^{kg},07 par millimètre d'enfoncement de la tige. Le même clou enfoncé dans le même bois, mais cette fois après avoir été bien graissé avec de la graisse consistante, n'a plus exigé que 5^{kg}, 22 par millimètre de tige à l'enfoncement et la résistance à l'arrachement est descendue de 8^{kg},07 à 5^{kg},71, soit environ de 30 p. 100.

J'ai effectué des essais d'enfoncement et d'arrachement de clous d'abord non graissés, puis graissés, et j'ai toujours trouvé des différences sensibles dans les résistances au frottement aussi bien à l'enfoncement qu'à l'arrachement, et cela avec des bois d'essences différentes : cormier, hêtre, chêne, etc.

On sait par contre que les clous qui rouillent dans le bois acquièrent une telle résistance à l'arrachement que souvent ce sont les fibres du bois qui cèdent les premières, ainsi qu'on le voit sur la figure 24, montrant la pointe d'une fiche de charpentier sur laquelle sont restées adhérentes les fibres de bois soudées au métal par la rouille.

Il y a donc intérêt, au point de vue de la résistance d'adhérence, à laisser le clou se rouiller et à ne pas le protéger par une couche de graisse qui, au contraire, diminue très sensiblement la résistance d'adhérence. Cette diminution de résistance, due à l'abaissement du coefficient de frottement par suite de graissage, n'augmente pas la résistance du bois, c'est-à-dire que les déformations des fibres du bois par l'introduction du clou qui les refoule pour faire son logement restent de même importance et le bois ne se fissure pas moins.

Le graissage ne paraît donc indiqué que pour des cas très spéciaux, par exemple lorsqu'un ouvrier doit enfoncer un clou de faible diamètre et de grande longueur dans un bois relativement dur. L'effort nécessaire à sa pénétration pouvant alors le faire flamber, le graissage pourra diminuer cet effort et peut-être permettre un enfoncement plus facile.

Le graissage ne diminuant pas la déformation des fibres et n'atténuant pas la fissuration, pour éviter celle-ci, lorsque le clou est d'un trop gros diamètre pour un bois d'une essence donnée, l'ouvrier est conduit à percer un trou préalable.

§ 29. — INFLUENCE DE LA FISSURE DU BOIS SUR LA RÉSISTANCE DU CLOU

Il n'est pas possible d'apprécier l'importance d'une fissure consécutive à l'enfoncement d'un clou de trop gros diamètre, il serait donc vain de chercher une loi ou une formule. Je n'indiquerai qu'un résultat pour donner une idée de l'ordre de grandeur de cette influence.

Pendant l'enfoncement d'un clou de 4mm,4 dans un morceau d'acacia, une fissure s'est produite brusquement, l'effort de glissement qui était alors de 147 kilogrammes est immédiatement descendu à 73 kilogrammes, la chute a donc été de 50 p. 100, quoique la fissure fût probablement très petite puisque l'enfoncement du clou s'opérait lentement. La résistance à l'arrachement doit être influencée dans des proportions au moins aussi importantes.

§ 30. — PERÇAGE D'UN TROU PRÉALABLE POUR ÉVITER LA FISSURATION DU BOIS

On conçoit que le refoulement latéral du bois, sous la poussée de la pointe du clou qu'on enfonce, fasse distendre les fibres au delà de leur capacité de déformation et produise la fissure, lorsque le clou enfoncé est d'une trop grosse dimension pour un morceau de bois donné. Pour éviter cette fissuration, il suffit de percer un trou préalable; la masse de fibres à refouler est d'autant moindre que le trou préalable est plus grand. Mais il ne faut pas faire trop grand ce trou préalable parce que, au-dessus d'une valeur donnée, fonction du diamètre du clou, l'adhérence diminue avec le diamètre du trou.

Pour évaluer approximativement pour un clou donné le diamètre maximum du trou préalable, j'ai pris deux morceaux de chêne, dans lesquels j'ai percé des trous de 3, 4, 5 et 6 millimètres préalablement à l'enfoncement du clou de 6mm,35 de diamètre.

Voici les résultats obtenus.

Diamètre du trou préalable.	Chêne A par mm. de tige enfoncé.		Chêne B par mm. de tige enfoncé.	
	Effort d'enfoncement.	Effort d'arrachement.	Effort d'enfoncement.	Effort d'arrachement.
	kg.	kg.	kg.	kg.
3 millimètres . . .	22,76	11,14	»	»
4 — . . .	16,26	11,79	14,93	12,58
5 — . . .	11,93	8,56	13,33	11,40
6 — . . .	8,96	8,40	8,74	8,96

Dans ces mesures je n'ai pas évalué à part l'effort d'enfoncement de la pointe, parce qu'il est peu élevé par suite de la présence du trou préalable; j'ai admis que l'effort total d'enfoncement était proportionnel à la longueur de tige encastrée, et j'ai donné cette mesure pour fixer les idées très approximativement.

Il n'en est pas de même pour la mesure de l'adhérence qui était le but de l'expérience. On constate que, avec ce clou de $6^{mm},35$ de diamètre soit $31^{mm^2},67$ de section, la résistance d'adhérence s'est déjà fortement abaissée pour le trou de 5 millimètres ; on peut donc admettre approximativement qu'il ne faudrait pas

Fig. 179. — Déformation des fibres d'un morceau de chêne, après arrachement d'un clou de $6^{mm},35$ enfoncé directement sans avant-trou préalable (8 diamètres).

percer ce trou à un diamètre supérieur à $4^{mm},5$ environ, ce qui donne une section de $15^{mm^2},90$, soit juste la moitié de la section du clou.

Cette proportion de la section du trou préalable maximum et du diamètre du clou, varie avec l'essence et l'état du bois, ce rapport de 1 à 2 n'est donc qu'approximatif et suffisant pour fixer les idées.

Les figures 179 et 180 montrent les déformations des fibres dans du chêne après enfoncement d'un clou de $6^{mm},35$ de diamètre : 1° quand il n'y a pas eu d'avant-trou de percé; 2° quand on a percé un avant-trou de diamètre trop grand. Dans ce dernier cas, les fibres ne se sont pas inclinées, dans leur résistance au frottement leur mode de travail n'est plus le même; non seulement, le refoulement étant trop faible l'intensité de la pression du bois sur le clou est

Fig. 180. — Déformation des fibres d'un morceau de chêne après arrachement d'un clou de 6^{mm},35 enfoncé après perçage d'un avant-trou de grand diamètre (8 diamètres).

d'autant moindre; mais, comme on le voit en comparant ces deux figures dans le premier cas l'effort de réaction élastique du bois est réparti sur une circonférence d'un diamètre plus de deux fois plus grand.

Le mode de déformation des fibres ayant une grande importance, j'ai pensé qu'en enfonçant un clou, l'arrachant pour le remplacer par un autre un peu plus fort et recommençant plusieurs fois cette opération en augmentant successivement les diamètres des clous, j'arriverais à refouler les fibres sur une plus grande circonférence qu'elles ne le sont par enfoncement direct et que l'obtention d'un trou préalable, par flexion croissante des fibres, donnerait une résistance à l'arrachement beaucoup plus grande que par enlèvement de matière.

Dans un morceau d'acacia, bois qui ne se fissure pas trop facilement, j'ai enfoncé l'un après l'autre, d'abord un clou de $3^{mm},25$ de diamètre, puis un de $4^{mm},4$ à la place du premier et enfin un clou de $5^{mm},25$ à la place du second. Pour le clou de $4^{mm},4$ l'effort d'arrachement a été de 10 kilogrammes par millimètre de tige alors que, après l'enfoncement direct, c'est-à-dire sans aucun avant-trou préparé par un clou plus petit, l'effort d'arrachement a été de $13^{kg},17$.

Pour le clou de $5^{mm},25$ l'effort d'arrachement, après les enfoncements successifs, a été de $12^{kg},32$ par millimètre de tige alors que cet effort d'arrachement a été de $16^{kg},64$ après l'enfoncement direct en plein bois.

Un clou est donc moins adhérent quand il est enfoncé dans le logement d'un clou plus petit qu'après enfoncement direct en plein bois.

Ces expériences d'enfoncements successifs de clous de plus en plus gros m'ont conduit à mesurer les résistances d'un même clou, enfoncé et arraché plusieurs fois de suite, dans le même logement.

§ 31. — VARIATIONS DES RÉSISTANCES D'UN MÊME CLOU ALTERNATIVEMENT ENFONCÉ ET ARRACHÉ PLUSIEURS FOIS DE SUITE DANS LE MÊME LOGEMENT

Dans un même morceau de chêne j'ai enfoncé et arraché trois fois de suite le même clou de $4^{mm},4$ de diamètre. Au premier enfoncement l'effort sur la pointe a été de 120 kilogrammes et le frottement de $7^{kg},25$ par millimètre de tige enfoncé ; au deuxième enfoncement, ce frottement est descendu à $6^{kg},36$ et, au troisième enfoncement, à $5^{kg},82$ par millimètre de tige enfoncé.

La résistance à l'arrachement a été de $9^{kg},45$ après le premier enfoncement, et s'est abaissée respectivement à $7^{kg},54$ et à $6^{kg},82$ par millimètre de tige enfoncé après le second et le troisième.

§ 32. — INFLUENCE DE LA FORME DE LA POINTE DU CLOU

Comme les clous, en pénétrant dans le bois, produisent, suivant la forme de leur pointe, des déformations différentes des vaisseaux et des fibres, il importe d'examiner cette influence de la forme des pointes dans des bois d'essences diverses.

Cette étude technologique du clou, plus pédagogique qu'industrielle, ne comporte pas les essais, en très grand nombre, qui seraient nécessaires pour obtenir des résultats d'une exactitude plus serrée, étant donné l'extrême variabilité des résistances d'une même essence de bois.

J'ai choisi pour mes essais un type de clou ni trop gros ni trop petit correspondant au travail moyen, soit le n° 20 de 4^{mm},4 de diamètre, tête ordinaire, pris chez un quincaillier quelconque.

Un de ces clous est représenté par la photographie figure 181 ; l'angle au sommet du cône de la pointe est d'environ 30° ; l'acuité de la pointe, loin d'être parfaite, est celle que l'on constate dans les fournitures courantes de ce clou.

Pour mes essais, j'ai fait subir à la pointe sept modifications différentes, ce qui, avec le modèle courant, fait huit types. Pour chacun d'eux je donnerai une photographie de pointe au grossissement de cinq diamètres, ce qui rend plus facilement visibles les formes et défauts et aussi la photographie des coupes des logements de ces pointes dans quelques bois courants : sapin, chêne, frêne, hêtre, pour montrer les modes respectifs de déformation des fibres.

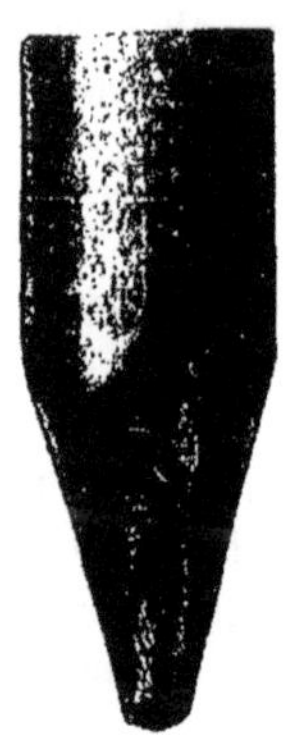

Fig. 181. — Forme ordinaire d'un clou n° 20 (4^{mm},4) (5 diamètres).

Comme les déformations varient même pour une même essence, j'ai été conduit à en essayer, pour chaque essence, deux échantillons au moins de provenances différentes. Pour les raisons données plus haut, j'ai dû me borner à ces spécimens, me réservant de poursuivre l'étude et les mesures sur une échelle plus importante si l'occasion m'était donnée.

Pour chacun des huit types de pointe de clou enfoncé dans les quatre essences de bois désignées, j'ai donné, dans le tableau suivant (p. 677), les résistances suivantes :

1° L'effort nécessaire pour faire pénétrer complètement la *pointe* à fleur de la surface extérieure du bois ;

2° L'effort de glissement de la *tige* pendant l'enfoncement, et par millimètre de tige enfoncé ;

3° L'effort d'arrachement de la tige et par millimètre de tige enfoncé.

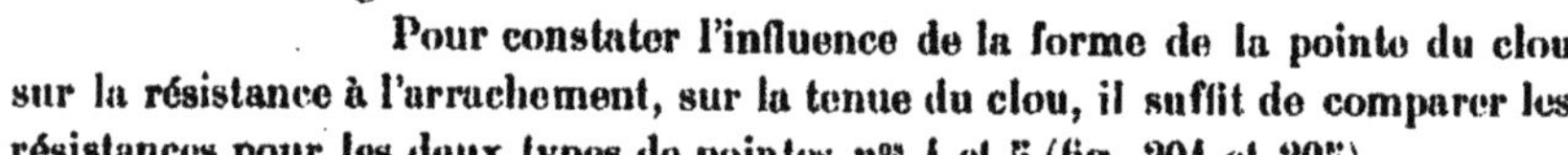

Pour constater l'influence de la forme de la pointe du clou sur la résistance à l'arrachement, sur la tenue du clou, il suffit de comparer les résistances pour les deux types de pointes n°s 4 et 5 (fig. 204 et 205).

Ces deux pointes sont obtenues en aplatissant au marteau la pointe ordinaire du clou (n° 1) (fig. 181), on a alors une pointe (type n° 4) en forme de fer de lance, dont la partie supérieure, c'est-à-dire celle qui se raccorde avec la tige, est légèrement renflée latéralement ainsi qu'on le voit (fig. 204). Ce renflement est de 0^{mm},35 de chaque côté, le diamètre du clou est de 4^{mm},4 et le diamètre maximum à l'endroit des bosses est de 5^{mm},1. L'autre pointe (le type n° 5) est obtenue de la même façon, mais ensuite, à l'aide d'une lime, les deux bosses ou renflements latéraux ont été enlevés, de façon que le clou ne soit, dans aucune partie de sa pointe, plus large que n'est sa tige ; la pointe est donc aplatie puis limée de forme cylindrique à la périphérie, ce qui fait que je l'ai appelée par abréviation pointe aplatie cylindrique (fig. 205).

INFLUENCE DE LA FORME DE LA POINTE DU CLOU. CLOU N° 20 ($4^{mm},4$ DE DIAMÈTRE)

NUMÉRO DU TYPE	FORME DE LA POINTE du clou.	SAPIN A			SAPIN B			CHÊNE A			CHÊNE B			CHÊNE C			FRÊNE A			FRÊNE B			HÊTRE		
		ENFONCEMENT		ARRACHEMENT	ENFONCEMENT		ARRACHEMENT	ENFONCEMENT		ARRACHEMENT	ENFONCEMENT		ARRACHEMENT	ENFONCEMENT		ARRACHEMENT	ENFONCEMENT		ARRACHEMENT	ENFONCEMENT		ARRACHEMENT	ENFONCEMENT		ARRACHEMENT
		Pointe.	Tige.	Tige.	Pointe.	Tige.	Tige.	Pointe.	Tige.	Tige.	Pointe.	Tige.	Tige.	Pointe.	Tige.	Tige.	Pointe.	Tige.	Tige.	Pointe.	Tige.	Tige.	Pointe.	Tige.	Tige.
		kg.	kg.	kg.	kg.	kg.	kg.	kg.	kg.	kg.	kg.	kg.	kg.	kg.	kg.	kg.	kg.	kg.	kg.	kg.	kg.	kg.	kg.	kg.	kg.
1	Ordinaire (fig. 181).	50	3 20	3 70	50	2 87	3 37	96	6 84	6 98	110	8 »	9 49	115	6 30	8 48	121	8 25	10 15	137	10 45	13 90	128	7 63	10 »
2	Effilée (fig. 193).	100	3 12	5 »	100	3 90	5 33	173	8 41	10 91	200	9 4	12 25	200	8 »	10 21	200	8 33	12 95	211	11 13	15 38	249	7 22	12 50
3	Camarde (fig. 197).	58	4 31	3 86	50	3 55	3 03	104	7 47	7 72	102	7 10	7 57	128	6 40	8 82	140	7 08	8 53	86	10 80	13 10	109	6 67	7 06
4	Aplatie renflée (fer de lance) (fig. 201).	96	1 23	2 27	96	1 23	1 84	160	4 20	6 77	208	4 69	5 77	154	4 34	7 72	140	4 90	7 11	176	6 85	12 25	208	3 20	7 56
5	Aplatie cylindrique (fig. 205).	76	3 33	4 15	58	4 »	4 13	174	7 70	10 80	192	9 80	12 40	134	6 70	9 20	173	6 51	9 05	166	9 46	13 34	198	7 74	12 27
6	Émoussée (fig. 208).	55	3 20	3 63	53	3 27	3 14	83	8 26	7 87	96	9 60	7 72	112	6 62	9 20	128	7 17	9 38	134	9 47	12 27	137	7 50	10 24
7	Broche (fig. 212).	0	3 31	2 76	0	3 31	1 93	0	7 72	4 91	0	8 »	6 60	0	8 82	6 73	0	11 50	5 90	0	9 27	11 62	0	7 33	6 66
8	Plate (coin tranchant). (fig. 216).	102	2 40	4 16	85	2 08	2 66	160	6 64	7 70	144	7 79	8 79	144	5 »	8 57	180	5 73	10 52	179	6 40	12 46	201	5 14	8 38

La différence entre ces deux pointes est peu appréciable à l'œil, il faut

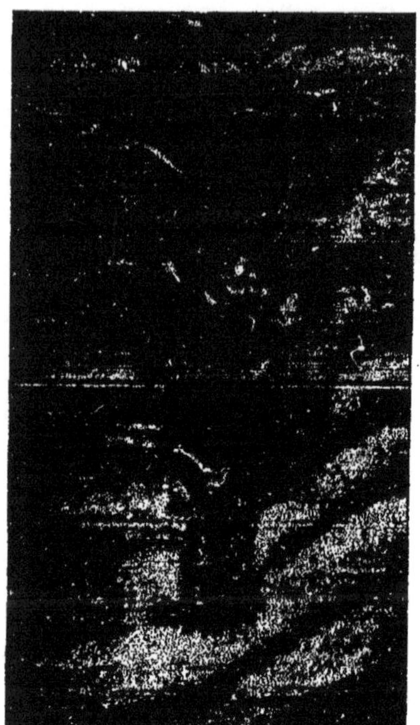

Fig. 182 et 183. — Déformation des fibres de bois de sapin après arrachement d'un clou ordinaire (fig. 181) (5 diamètres).

prêter un peu d'attention pour faire la distinction, et cependant la présence de

	SAPIN			CHÊNE			FRÊNE		
	Pointe.	Enfoncement.	Arrachement.	Pointe.	Enfoncement.	Arrachement.	Pointe.	Enfoncement.	Arrachement.
	kg	kg	kg	kg	kg	kg	kg	kg	kg
Pointe fer de lance en long . . .	54	2 43	3 07	205	7	10 95	256	13 50	13 37
— — en travers . .	70	1 85	2 75	188	4	7 27	256	7 55	11 10
Pointe aplatie cylindrique en long .	70	2 40	3 77	138	9 87	11	240	13 40	16 30
— — en travers	70	3 22	4 63	120	8 70	10	217	14	17 83

ces deux petits renflements latéraux fait diminuer très sensiblement la résistance à l'arrachement d'un tel clou.

La chute de résistance d'adhérence du clou à pointe en fer de lance est constante, et elle est maximum quand ces deux clous sont posés *en travers* des fibres du bois, c'est-à-dire quand les deux faces planes de la pointe sont orientées perpendiculairement à la direction longitudinale des fibres ; quand les

Fig. 184 et 185. — Déformation des fibres du bois de chêne après arrachement du clou ordinaire (fig. 181) (5 diamètres).

pointes des clous sont orientées dans la position parallèle à celle des fibres, on dit qu'ils sont posés *en long*.

Les essais d'enfoncement et d'arrachement effectués avec deux clous de 4mm,4 (nº 20) ayant l'un une pointe aplatie en forme de fer de lance avec les deux renflements latéraux et l'autre une pointe aplatie mais cylindrique, c'est-à-dire sans renflements latéraux, sur trois morceaux de bois : sapin, chêne et frêne, ont donné les résultats précédents (p. 100).

Ces résultats montrent bien que la pointe aplatie cylindrique donne toujours des résistances plus élevées que la pointe aplatie en fer de

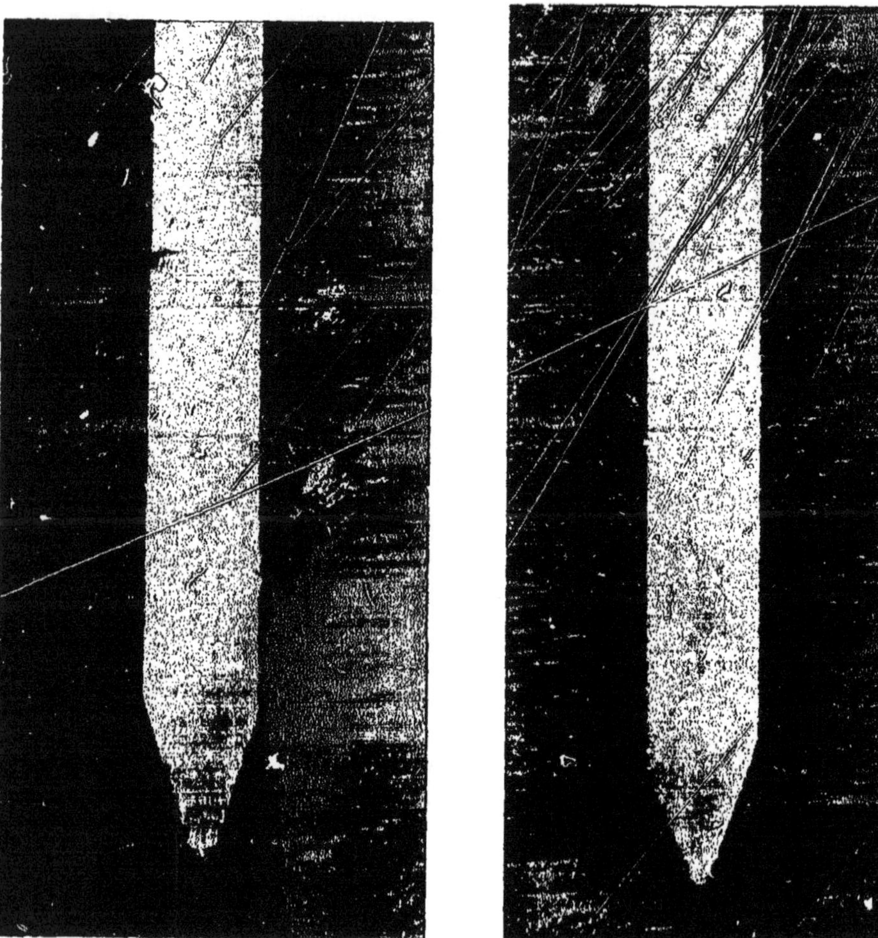

Fig. 186 et 187. — Déformation des fibres de bois de chêne après enfoncement du clou ordinaire (fig. 181) (4 diamètres).

lance, surtout quand le clou est enfoncé en travers des fibres du bois.

Une des principales qualités du clou étant sa *tenue*, c'est-à-dire sa résistance à l'arrachement, il est naturel de chercher, sur le tableau donnant les résistances de différentes formes de pointes de clou, quelle est la forme de pointe qui donne la meilleure résistance à l'arrachement ; on voit de suite que c'est la *pointe effilée* (fig. 193).

L'emploi de cette pointe augmente la flexion des fibres latérales ; celles-ci

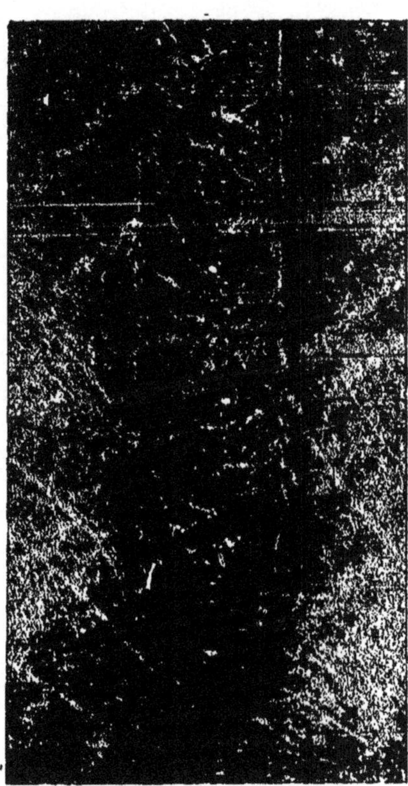

Fig. 188 et 189. — Déformation des fibres de bois de chêne après enfoncement du clou ordinaire dans une direction plus ou moins inclinée par rapport à l'axe de la tige de l'arbre (5 diamètres et 8 diamètres).

sont presque repliées parallèlement à la tige et compriment beaucoup plus la tige du clou que lorsqu'elles sont moins inclinées, comme dans l'enfoncement de la pointe ordinaire.

L'effort de compression latérale est même tellement élevé avec cette pointe effilée que son avantage, poussé à l'excès, devient un défaut ; très souvent, sous la poussée des fibres infléchies en coin, le bois se fissure ou se fend complète-

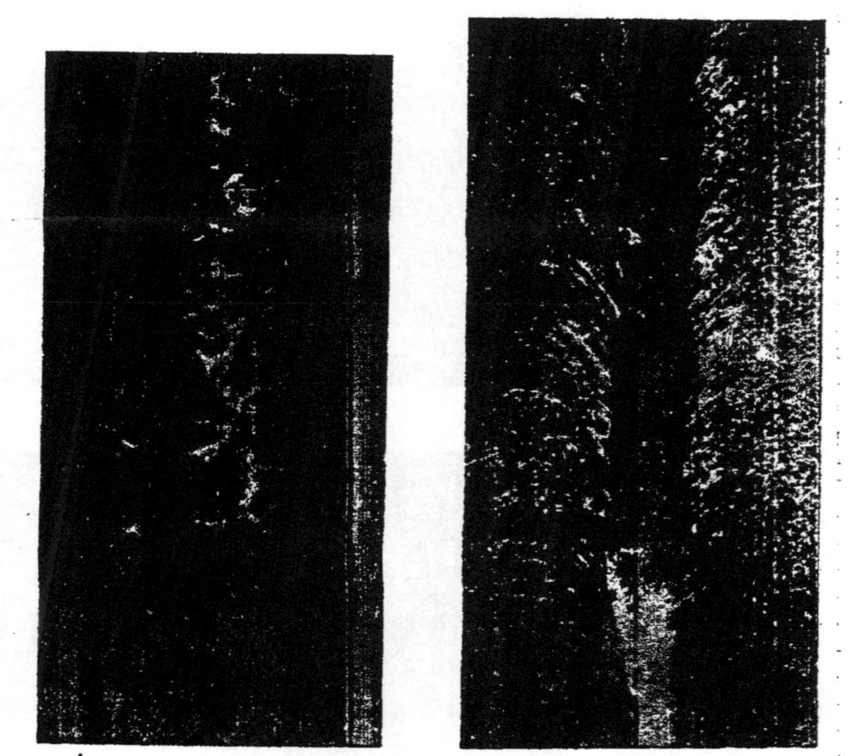

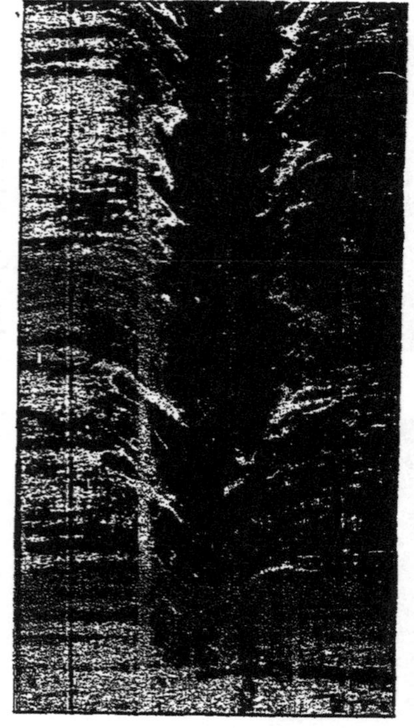

Fig. 190 et 191. — Déformation des fibres de bois d'acacia après arrachement du clou ordinaire (fig. 181) (5 diamètres).
Fig. 192. — Déformation des fibres de bois de cormier après arrachement du clou ordinaire (fig. 181) (5 diamètres).

Fig. 193. — Pointe effilée d'un clou n° 20 (4mm,4) (5 diamètres).

Fig. 194. — Déformation des fibres de bois de sapin après arrachement du clou à pointe effilée (5 diamètres) (fig. 193).

Fig. 195. — Déformation des fibres de bois de chêne après arrachement du clou à pointe effilée (fig. 193) (5 diamètres).

ment ; aussi l'emploi de la pointe effilée n'est-il indiqué que dans des cas très particuliers et surtout avec des bois se fissurant peu, c'est-à-dire ayant une

Fig. 196. — Déformation des fibres de bois de chêne après enfoncement du clou à pointe effilée (fig. 193) (5 diamètres).

grande capacité de déformation dans le sens *en travers* des fibres, comme il a été expliqué à propos des figures 156 à 167.

Le bois se fend surtout quand le clou est posé trop près de l'extrémité ;

quand cette distance minimum n'est pas atteinte, le bois alors se fissure et souvent la fissure est peu visible, mais la résistance à l'adhérence est de suite diminuée ; il faut donc tenir compte du volume du bois, et surtout de la distance minimum à l'extrémité très variable avec les essences et l'état du bois.

§ 33. — QUELLE EST LA MEILLEURE FORME DE POINTE DE CLOU POUR ÉVITER DE FENDRE LE BOIS

Nous avons vu que les pointes, en s'enfonçant dans le bois, en font infléchir les fibres et les disposent en forme de coin, ce qui en plein bois pro-

Fig. 197. — Pointe camarde (obtuse) d'un clou n° 20 ($4^{mm},4$) (5 diamètres).

Fig. 198. — Déformation des fibres de bois de sapin après arrachement d'un clou à pointe camarde (fig. 197) (5 diamètres).

voque la fissuration, et à l'extrémité fait fendre le bois surtout lorsque ces pointes sont placées près du bout ou bien lorsqu'elles sont enfoncées dans des morceaux de peu d'épaisseur.

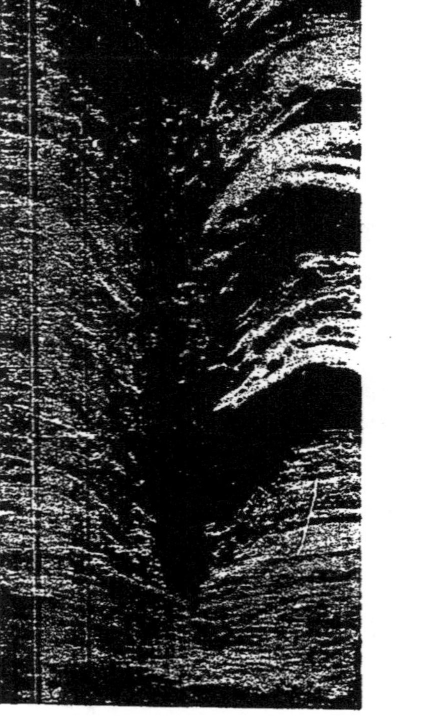

Fig. 199 et 200. — Déformation des fibres de bois de chêne après arrachement d'un clou à pointe camarde (fig. 197) (5 diamètres).

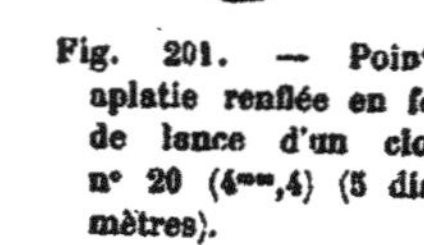

Fig. 201. — Pointe aplatie renflée en fer de lance d'un clou n° 20 (4mm,4) (5 diamètres).

Pour éviter cette fissuration et cette fente du bois, les ouvriers refoulent

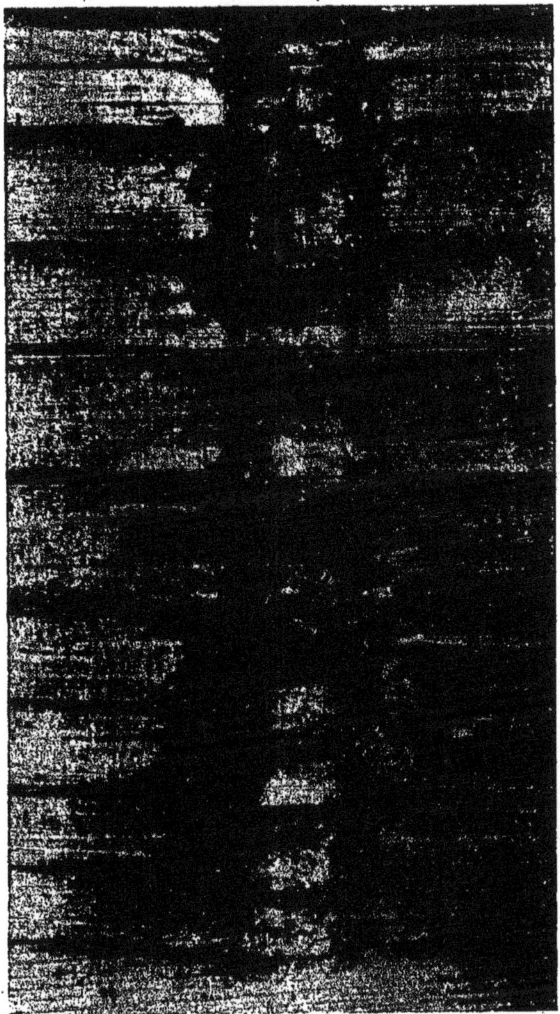

Fig. 202. — Déformation des fibres de bois de sapin après arrachement d'un clou à pointe en fer de lance (fig. 201) (8 diamètres).

légèrement la pointe du clou ordinaire; ils en font une pointe mousse (fig. 208);

or nous avons vu que la pointe camarde (fig. 197), celle dont l'angle du cône est

Fig. 203. — Déformation des fibres de bois de chêne après arrachement d'un clou à pointe en fer de lance (fig. 201) (8 diamètres).

Fig. 204. — Déformation des fibres de bois de chêne après enfoncement du clou à pointe en fer de lance (fig. 201) (6 diamètres).

presque droit, que la pointe émoussée (fig. 208) et le clou sans pointe, la broche (fig. 212) ont la propriété de briser et d'arracher les fibres et les vais-

Fig. 205. — Pointe d'abord aplatie, puis limée cylindrique d'un clou n° 20 ($4^{mm},4$) (5 diamètres). (C'est la pointe précédente fig. 204 mais dont les deux bosses latérales ont été enlevées à la lime.)

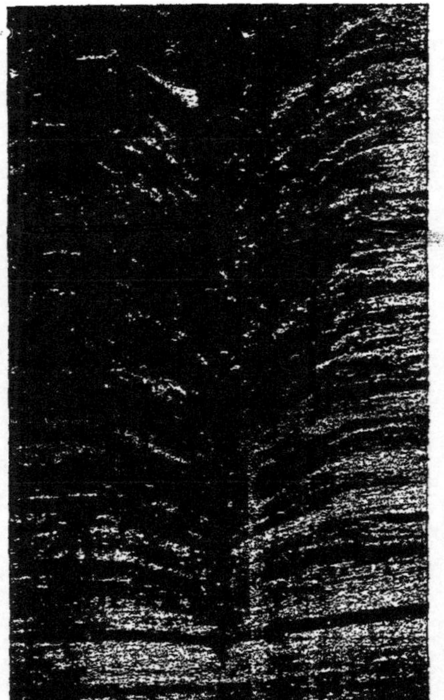

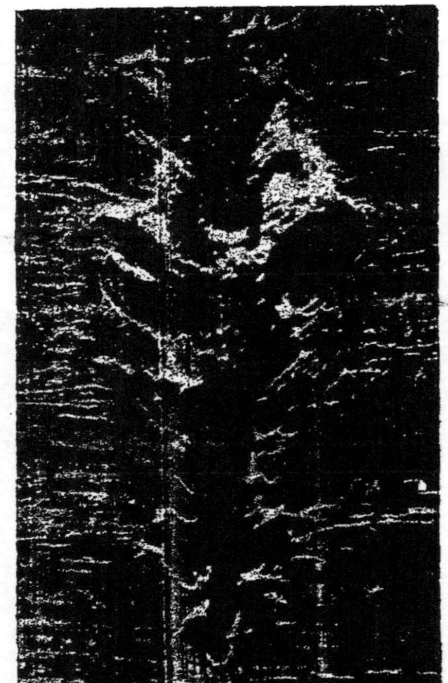

Fig. 206 et 207. — Déformation des fibres de bois de chêne après arrachement d'un clou à pointe aplatie et limée cylindrique (fig. 205) (5 diamètres).

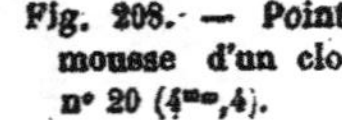

Fig. 208. — Pointe mousse d'un clou n° 20 ($4^{mm},4$).

Fig. 209. — Déformation des fibres de bois de sapin après arrachement du clou à pointe mousse (fig. 208) (5 diamètres).

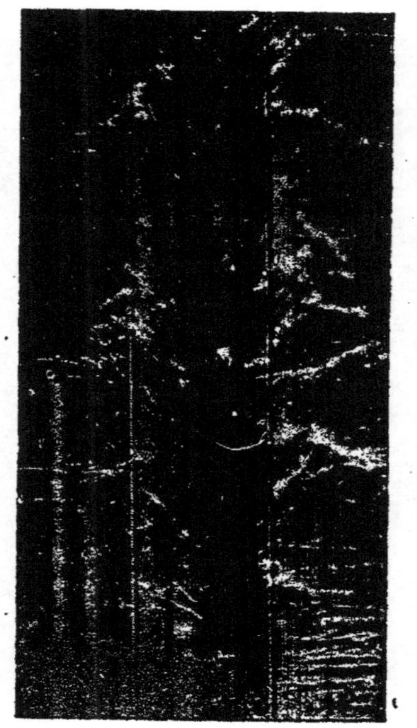

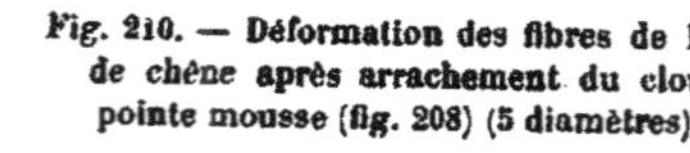

Fig. 210. — Déformation des fibres de bois de chêne après arrachement du clou à pointe mousse (fig. 208) (5 diamètres).

Fig. 211. — Déformation des fibres de bois de frêne après arrachement du clou à pointe mousse (fig. 208) (5 diamètres).

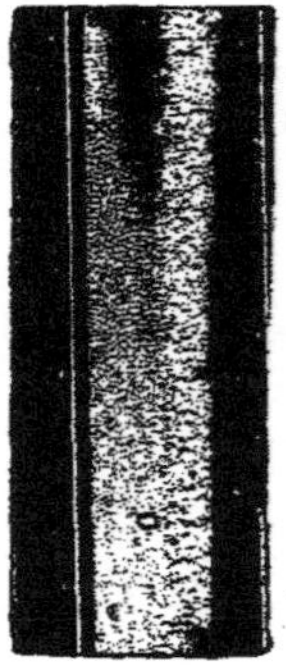

Fig. 212. — Broche (clou sans pointe) en fil n° 20 (4mm,4) (5 diamètres).

Fig. 213. — Déformation des fibres de bois de sapin après arrachement de la broche (fig. 212).

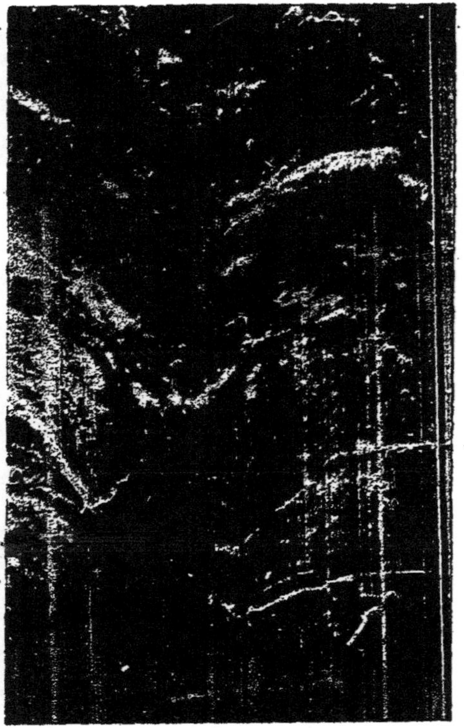

Fig. 214. — Déformation des fibres de bois de chêne après arrachement de la broche (fig. 212).

seaux, tandis que les pointes effilées tranchent au centre et infléchissent ces fibres et vaisseaux en coins, les fibres brisées refoulées latéralement font donc une pression sensiblement moindre sur la tige du clou que les fibres inclinées; la pression est alors assez diminuée pour ne pas atteindre celle de la

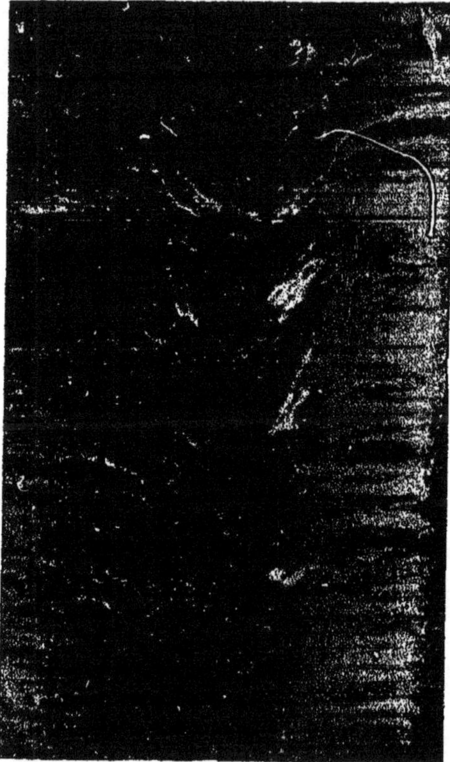

Fig. 215. — Déformation des fibres de bois de chêne après arrachement de la broche (fig. 212) (8 diamètres).

Fig. 216. — Pointe plate large (en coin tranchant) de clou n° 20 ($4^{mm},4$) (5 diamètres).

résistance du bois et ne pas le fissurer et le faire fendre. Ce procédé brutal qui consiste à briser le bois est celui que tous les ouvriers emploient, c'est le procédé universellement connu et adopté.

Or il existe une forme de pointe de clou qui fait encore moins fissurer et fendre le bois que les formes défectueuses qui brisent.

Cette forme est celle de pointe en coin (fig. 216), elle découle des expériences, elle est donc *rationnelle.*

Ces expériences montrent que la fissuration se fait toujours dans le même sens suivant la direction longitudinale des fibres et vaisseaux, parce que la capacité de déformation transversale est beaucoup plus faible que la capacité de déformation longitudinale, comme le montrent les graphiques (fig. 159 à 166);

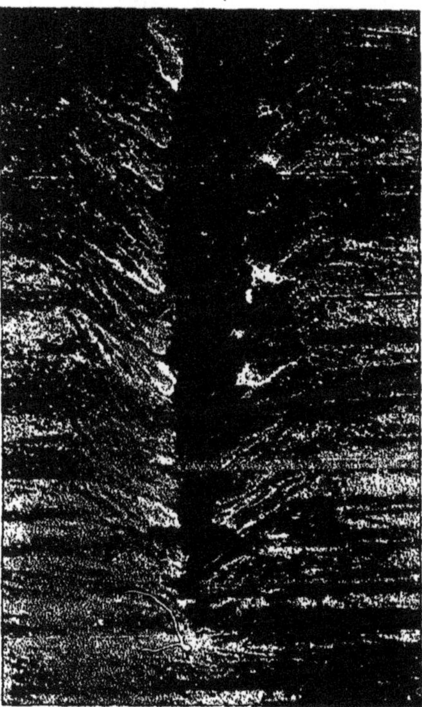

Fig. 217 et 218. — Déformation des fibres de bois de sapin après arrachement d'un clou à pointe plate large (fig. 216).

Fig. 217. — La coupe a été faite perpendiculairement au tranchant du clou.

Fig. 218. — La coupe a été faite parallèlement au tranchant du clou (5 diamètres).

il suffit donc de choisir une forme de clou ne déformant pas le bois dans le sens transversal, mais le déformant utilement dans l'autre sens, c'est-à-dire inclinant les fibres et les utilisant comme des coins pour produire une pression latérale sur la tige du clou, mais seulement dans le sens longitudinal; la forme de pointe qui permet d'obtenir ce résultat est la forme en coin (fig. 216), à la condition que la partie plate et tranchante de l'extrémité, de largeur égale au diamètre de la tige du clou, soit orientée convenablement, par rapport à la direction des fibres, au moment de l'enfoncement du clou, le tranchant de cette pointe doit être placé *transversalement* à la direction du fil du bois (il est bien entendu qu'il ne faut pas faire la pointe type 4 ni même type 5, il faut chuter la pointe d'un clou avant de faire le coin) : et au moment de l'enfoncement main-

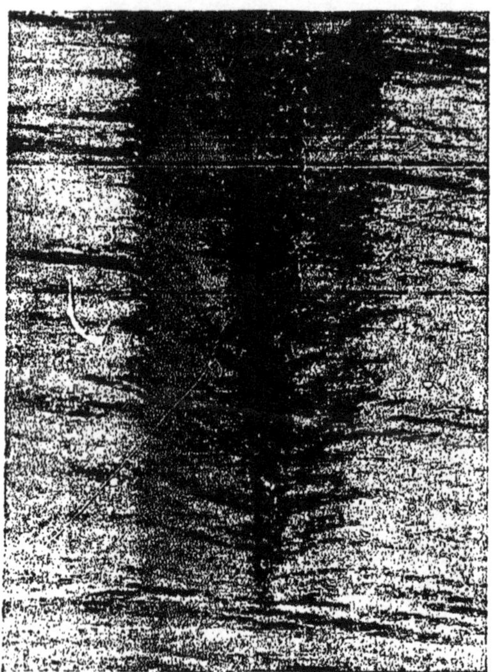

Fig. 219 et 220. — Déformation des fibres de bois de chêne après arrachement d'un clou à pointe plate large (fig. 216).
Fig. 219. — La coupe a été faite perpendiculairement au tranchant du clou (3 diamètres).
Fig. 220. — La coupe a été faite parallèlement au tranchant du clou (5 diamètres).

tenir ferme le clou bien orienté pour éviter qu'il dévie. On objectera, il est vrai, que le cas peut se présenter où les deux bois superposés, à réunir par le clou, auront la direction de leurs fibres perpendiculaire, l'une par rapport à l'autre et que, dans ce cas, le clou plat qui sera bien orienté pour l'un des morceaux de bois le sera mal pour l'autre morceau et fera fendre ce dernier, tandis que le clou à pointe mousse pourra être utilisé avec la même chance de réussite pour les deux morceaux de bois.

Or, quand ce cas se présentera, il suffira de placer la pointe en coin plat, de

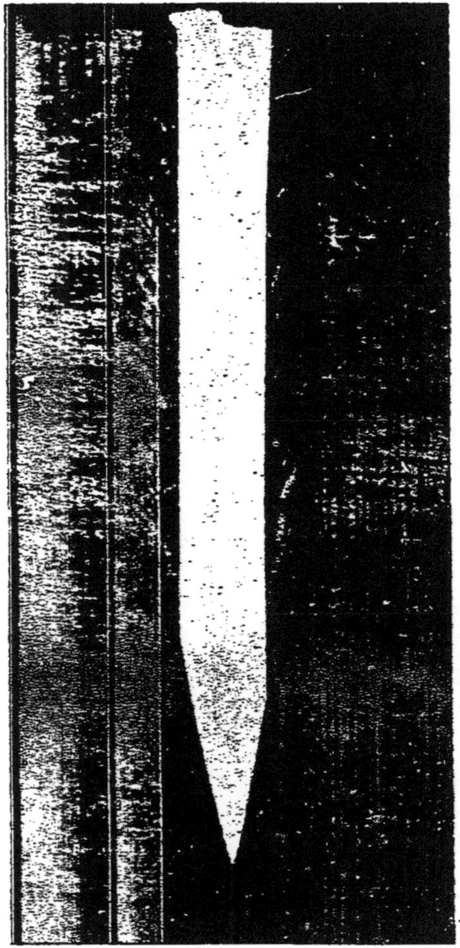

Fig. 221. — Déformation des fibres de bois d'acacia après enfoncement d'un clou à pointe large (fig. 216). La coupe a été faite perpendiculairement au tranchant du clou.

Fig. 222. — Position de la pointe plate large (au coin tranchant) dans le cas de deux morceaux de bois superposés et dont les directions des fibres font un angle : le tranchant de la pointe doit être enfoncé perpendiculairement à la bissectrice de l'angle le plus aigu que font entre eux ces deux morceaux de bois.

telle façon que le tranchant soit suivant la bissectrice de l'angle le plus aigu que font entre eux les deux morceaux de bois (fig. 222); j'ai en effet constaté que le clou à pointe en coin plat, posé en diagonale, c'est-à-dire obliquement par rapport à la direction des fibres du bois, donne encore un meilleur résultat que le clou à pointe mousse, car, dans d'assez nombreux essais sur des échantillons semblables pris sur le même bois, ils se sont toujours rompus avec la pointe mousse et ont toujours résisté à la pointe en coin plat inclinée de 45° sur l'axe.

§ 34. — INFLUENCE DU DIAMÈTRE DU CLOU SUR SON ADHÉRENCE

Il est nécessaire de connaître dans quelles conditions varie la résistance d'adhérence avec la grosseur du clou; est-il préférable d'augmenter le nombre

Fig. 223. — Pointe ordinaire d'un clou n° 18 (3mm,25).

Fig. 224. — Pointe ordinaire d'un clou n° 20 (4mm,40).

Fig. 225. — Pointe ordinaire d'un clou n° 22 (5mm,25).

Fig. 226. — Pointe ordinaire d'un clou n° 24 (6mm,40) (5 diamètres).

de clous ou le diamètre des clous employés pour obtenir une plus grande résistance?

Pour me renseigner à ce sujet j'ai pris dans le commerce quatre clous nos 18, 20, 22 et 24.

Les figures nos 223, 224, 225 et 226 montrent les pointes de ces quatre clous.

INFLUENCE DU DIAMÈTRE DU CLOU SUR SA RÉSISTANCE A L'ARRACHEMENT

ESSENCE du BOIS ESSAYÉ	DIAMÈTRE DU CLOU	EFFORT D'ENFONCEMENT			EFFORT D'ARRACHEMENT	
		de la pointe du clou.	par millimètre de longueur d'enfoncement de la tige du clou.	par mill. carré de la surface de contact de la tige.	par millimètre de longueur d'enfoncement de la tige du clou.	par mill. carré de la surface de contact de la tige.
	mm.	kg.	kg.	kg.	kg.	kg.
Sapin A	3 25	38	2 10	0 200	2 80	0 274
	4 40	50	3 20	0 232	3 70	0 268
	5 25	70	4 »	0 242	4 35	0 263
	6 35	77	4 17	0 209	3 20	0 160
Sapin B	3 25	22	1 12	0 110	1 24	0 121
	4 40	38	1 58	0 114	1 38	0 100
	5 25	57	2 61	0 158	2 67	0 106
	6 35	73	2 33	0 116	2 07	0 103
Sapin C	3 25	51	2 25	0 225	3 56	0 350
	4 40	48	3 33	0 241	3 93	0 285
	5 25	89	5 09	0 308	6 02	0 365
	6 35	96	5 03	0 251	5 »	0 250
Sapin D	3 25	24	1 15	0 115	1 26	0 125
	4 40	41	2 09	0 151	2 41	0 174
	5 25	76	4 22	0 255	4 77	0 289
	6 35	64	3 26	0 163	2 57	0 128
Hêtre	3 25	108	6 72	0 660	9 11	0 900
	4 40	128	7 63	0 553	10 »	0 725
	5 25	182	11 45	0 663	14 66	0 880
	6 35	214	13 31	0 665	14 37	0 718
Chêne A	3 25	86	5 »	0 500	7 40	0 740
	4 40	121	7 14	0 517	7 90	0 570
	5 25	144	7 70	0 467	8 »	0 500
	6 35	160	11 73	0 586	9 36	0 468
Chêne B	3 25	73	5 81	0 570	7 78	0 762
	4 40	144	7 30	0 530	9 82	0 711
	5 25	144	9 67	0 585	12 65	0 776
	6 35	233	10 »	0 500	14 33	0 716
Cormier	3 25	115	9 06	0 900	10 64	1 043
	4 40	166	12 56	0 910	13 44	0 974
	5 25	217	21 80	1 321	16 81	1 018
	6 35	208	22 40	1 120	19 20	0 960

INFLUENCE DU DIAMÈTRE DU CLOU SUR SA RÉSISTANCE A L'ARRACHEMENT (*suite*).

ESSENCE du BOIS ESSAYÉ	DIAMÈTRE DU CLOU	EFFORT D'ENFONCEMENT			EFFORT D'ARRACHEMENT	
		de la pointe du clou.	par millimètre de longueur d'enfoncement de la tige du clou.	par mill. carré de la surface de contact de la tige.	par millimètre de longueur d'enfoncement de la tige du clou.	par mill. carré de la surface de contact de la tige.
	mm.	kg.	kg.	kg.	kg.	kg.
Frêne A	3 25	80	5 70	0 560	8 »	0 800
	4 40	121	8 25	0 525	10 15	0 735
	5 25	112	11 70	0 710	13 33	0 807
	6 35	182	12 81	0 640	12 32	0 616
Frêne B	3 25	64	7 68	0 753	9 38	0 920
	4 40	137	9 53	0 690	11 93	0 864
	5 25	214	12 »	0 727	16 52	1 »
	6 35	265	14 40	0 720	16 54	0 827
Acacia	3 25	70	8 33	0 883	10 18	1 »
	4 40	112	9 03	0 654	13 17	0 954
	5 25	192	13 38	0 810	16 64	1 008
	6 35	243	10 »	0 500	15 50	0 775
Palétuvier du Congo.	3 25	134	11 65	1 165	14 22	1 400
	4 40	240	16 30	1 181	19 52	1 414
	5 25	320	53 30	3 200	26 60	1 612
	6 35	464	52 50	2 625	29 »	1 450
Sadouk	3 25	108	7 44	0 744	12 04	1 180
	4 40	208	8 16	0 592	15 »	1 087
	5 25	240	12 »	0 727	16 43	1 »
	6 35	342	14 53	0 727	18 13	0 906
Manioka	3 25	70	4 25	0 425	7 53	0 738
	4 40	89	6 73	0 489	9 33	0 676
	5 25	147	7 73	0 468	10 62	0 643
	6 35	240	9 »	0 450	12 80	0 640

Les diamètres respectifs sont : 3mm,25, 4mm,40, 5mm,25 et 6mm,35.

L'angle des pointes est de 30° pour les deux premiers, c'est d'ailleurs l'angle généralement donné aux pointes des clous ordinaires ; l'angle du clou n° 22 est de 34° et celui du clou n° 24 est de 40°.

Les fabricants ont malheureusement une tendance à augmenter l'angle des pointes, à les faire plus obtuses et à diminuer l'acuité de l'extrémité, toutes choses qui font diminuer le déchet dans la fabrication, mais au détriment de la bonne qualité du produit; le client paraissant peu se soucier de cette qualité.

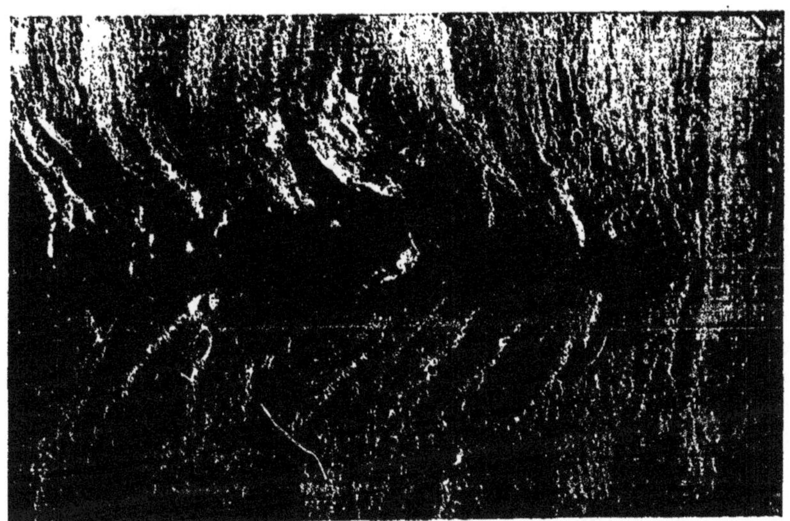

Fig. 228. — Déformation des fibres de bois de frêne après arrachement d'un clou à pointe ordinaire n° 22 (5mm,30) (5 diamètres).

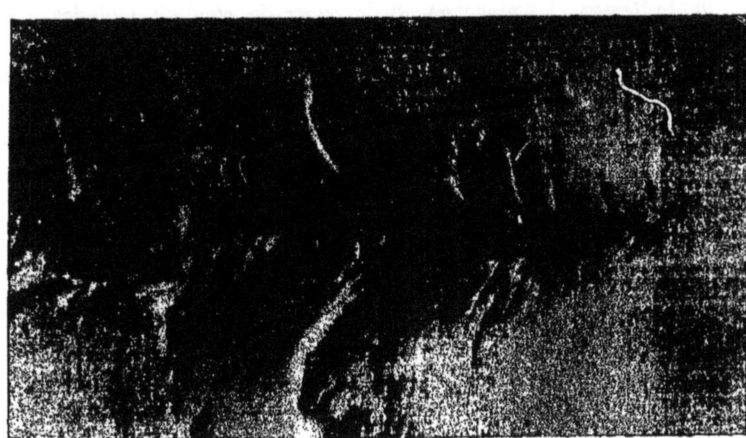

Fig. 227. — Déformation des fibres de bois de sapin après arrachement d'un clou à pointe ordinaire n° 22 (5mm,30) (5 diamètres).

J'ai enfoncé ces quatre clous dans quatorze morceaux de bois d'essences différentes.

Le tableau précédent donne les résultats de ces essais (p. 119 et 120).

Comme dans les essais précédents j'ai donné d'abord l'effort, à peu près constant, nécessaire pour l'enfoncement de la pointe, puis l'effort de frottement sur la tige, effort qui est à peu près proportionnel à la longueur enfoncée dans le bois et l'effort initial d'arrachement qui constitue la *tenue* du clou et qui est aussi proportionnel à la longueur de tige enfoncée.

Mais j'ai dû ajouter deux colonnes supplémentaires, donnant l'une la résistance à l'enfoncement, et l'autre la résistance à l'arrachement par millimètre carré de la surface de contact de la tige avec le bois; ces renseignements pouvant seuls permettre la comparaison, puisque les clous essayés ont des diamètres différents.

A l'inspection de ce tableau on voit que pour certains bois la tenue du clou paraît proportionnelle à la surface de contact de la tige et du bois, il est donc probable que c'est la loi, et si, pour l'autre bois, la *tenue* du clou diminue par unité de surface élémentaire quand son diamètre augmente, c'est que la limite de capacité de déformation est dépassée et que le bois commence à se fissurer.

Cette hypothèse me semble confirmée par ce fait que plus le clou est petit et plus le frottement à l'arrachement est supérieur au frottement à l'enfoncement; avec l'augmentation du diamètre, la différence entre ces deux résistances de frottement diminue, et à partir d'une dimension donnée, la résistance de frottement à l'arrachement, la *tenue* du clou est moindre que la résistance du frottement à l'enfoncement.

Les figures 227 et 228 montrent les déformations du bois après enfoncement d'un clou de 5mm,30 (n° 22) dans du sapin et dans du chêne; en les comparant aux figures 182 et 185 analogues, mais pour le clou de 4,4, on voit que la déformation est déjà beaucoup plus accentuée.

Il y aurait donc intérêt, au moins dans certains cas, à réduire la grosseur des clous, quitte à en augmenter le nombre, pour obtenir une plus grande résistance et une moindre détérioration du bois.

Il suffirait de choisir des aciers un peu plus durs, or notre métallurgie actuelle peut produire facilement des aciers demi-durs au même prix que les aciers plus doux.

Les clous faits avec ces aciers très ductiles auront plus de raideur, ils seront beaucoup plus résistants à la flexion, flamberont moins, et cependant pourront se plier sans se rompre quand les conditions du travail l'exigeront.

§ 35. — INFLUENCE DES FORMES SPÉCIALES DES TIGES DES CLOUS SUR LEUR RÉSISTANCE D'ADHÉRENCE

On fabrique parfois des clous à formes spéciales, différentes de celle du clou ordinaire.

Tantôt la différence porte sur la forme de la section; au lieu d'être circulaire comme celle du clou ordinaire, elle est ovale, carrée, cannelée, etc. Tantôt la différence porte sur le lisse de la surface qui est remplacé par une rugosité plus ou moins exagérée dans le but d'ancrer des aspérités du clou dans les fibres du bois pour en augmenter la résistance à l'arrachement.

Voyons d'abord l'influence de la forme de la section du fil employé à la fabrication du clou.

Clou à section carrée. — La résistance de ce clou varie sensiblement avec son orientation; quand les côtés du carré sont parallèles aux fibres du bois, la résistance à l'arrachement est moindre, probablement parce que la déformation des fibres dans ce cas est excessive et conduit rapidement à la fissuration; il faut donc avoir soin d'enfoncer ce clou de façon que sa section soit placée en diagonale, c'est-à-dire que ses faces soient inclinées de 45° sur la direction des fibres; et dans ce cas le plus favorable la résistance à l'adhérence est encore moindre que celle du clou rond par unité de surface de contact avec le bois.

Ainsi dans un morceau de sapin le clou rond n° 20 a donné une résistance d'adhérence de $3^{kg},57$ par millimètre de tige, et le clou carré de périphérie équivalente a donné pour cette même résistance $2^{kg},74$ quand il était enfoncé parallèlement aux fibres, et $3^{kg},47$ quand ses faces étaient en diagonales.

Dans un morceau de cormier le clou rond a donné une résistance d'adhérence de $13^{kg},55$, et le clou carré a donné $10^{kg},28$ et $11^{kg},61$ dans l'une et l'autre orientation.

Dans un morceau d'acacia le clou rond a donné une résistance d'adhérence de $13^{kg},17$ et le clou carré $11^{kg},68$ dans la meilleure orientation.

Dans un morceau de manioca, j'ai trouvé de même des résistances d'adhérence moindres pour le clou carré que pour le clou rond.

Clou à section carrée et cannelée (fig. 229 et 230), appelé tantôt : *clou carré à côtes*, tantôt *clou à tige cannelée*. Ce clou est analogue au clou carré, mais les angles sont arrondis et les faces légèrement incurvées en forme de cannelure, comme on le voit sur la coupe figure 230. Il résulte de cette modification de forme une moindre différence dans les résistances d'adhérence suivant l'orientation du clou, la facilité à la fissuration est un peu moindre que pour le clou carré, quand les faces sont parallèles aux fibres du bois, mais elle est encore très appréciable comme on le constate figure 230.

Dans le morceau de sapin où le clou rond n° 20 a donné $3^{kg},57$ par millimètre de tige enfoncé et le clou carré cannelé de même développement périphérique a donné $3^{kg},33$ dans l'orientation en diagonale et $3^{kg},15$ dans l'orientation parallèle aux fibres du bois, alors que le clou carré correspondant avait donné $3^{kg},47$ et $2^{kg},74$.

Dans le morceau de cormier le clou cannelé a donné $11^{kg},50$ et $10^{kg},85$ par millimètre de tige quand le clou carré a donné $11^{kg},61$ et $10^{kg},28$.

Fig. 229. — Clou à tige cannelée.

Fig. 230. — Coupe du clou à tige cannelée.

Fig. 231. — Clou à tige triangulaire.

Dans le frêne le clou rond a donné 12 kilogrammes et le clou cannelé a donné $10^{kg},13$ et 12 kilogrammes.

Dans le morceau d'acacia la différence entre les deux clous carré et cannelé a été peu appréciable.

En résumé le clou cannelé donne à peu près les mêmes résistances que le clou carré, mais il tend moins à faire fissurer le bois, il lui est donc préférable, mais il n'a aucun avantage sur le clou rond.

Clou à section triangulaire (fig. 231). — J'ai constaté que cette forme exigeait moins d'effort pour l'enfoncement, mais que sa résistance d'arrachement était sensiblement moindre que celle du clou rond dans le hêtre, le cormier, le chêne, le sapin ; et comme, d'un autre côté, le prix de revient est plus élevé, la résistance propre plus faible et l'adhérence moindre que pour le clou rond, il n'y a donc pas lieu d'insister.

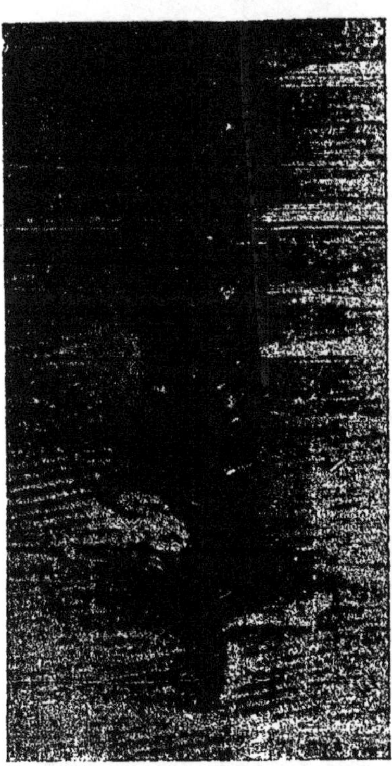

Fig. 232. — Déformation des fibres de bois de sapin après arrachement d'un clou à tige ovale (5 mm. × 2^{mm},7). (Coupe parallèle au petit axe) (5 diamètres).

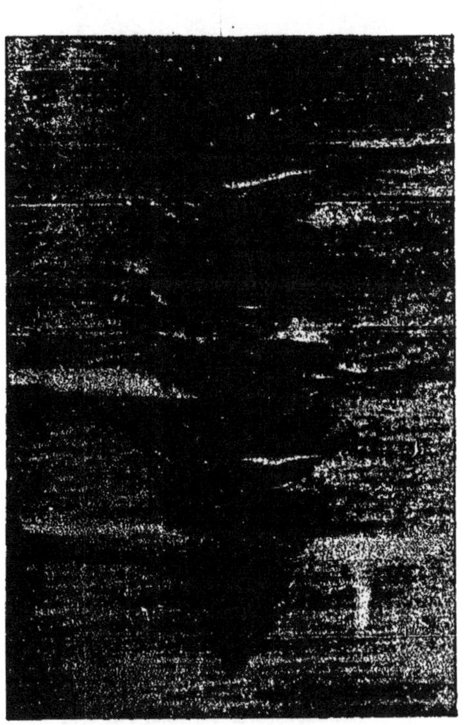

Fig. 233. — Déformation des fibres de bois de sapin après arrachement d'un clou à tige ovale (5 mm. × 2^{mm},7). (Coupe parallèle au grand axe) (5 diamètres).

Clou à section ovale. — La section de ce clou est à peu près elliptique.

L'effort d'enfoncement de ce clou est le même que celui du clou rond, les légères variations tantôt dans un sens, tantôt dans l'autre, sont dues au bois plutôt qu'à la forme du clou ; mais la résistance à l'adhérence est généralement un peu plus élevée pour le clou ovale que pour le clou rond, à la condition que le clou ovale soit enfoncé en travers, c'est-à-dire que son grand axe soit placé perpendiculairement à la direction des fibres du bois. Ainsi dans un morceau de sapin le clou rond a donné $3^{kg},57$ de résistance d'adhérence et le

Fig. 234. — Déformation des fibres de bois de chêne après arrachement d'un clou à tige ovale (5 mm. × $2^{mm},7$). (Coupe parallèle au petit axe) (5 diamètres).

Fig. 235. — Déformation des fibres de bois de chêne après arrachement d'un clou à tige ovale (5 mm. × $2^{mm},7$). (Coupe parallèle au grand axe) (5 diamètres).

clou ovale bien orienté a donné 4 kilogrammes et même $4^{kg},36$ par millimètre de pointe enfoncé.

Dans le morceau de cormier le clou rond a donné une résistance d'adhérence de $13^{kg},55$ et le clou ovale a donné $12^{kg},40$ à $14^{kg},47$ placé dans le sens en travers, comme il a été dit ; placé dans le sens en long, il n'a donné que $9^{kg},40$ à $11^{kg},92$.

Dans le morceau d'acacia, le clou rond a donné 13^{kg},17 et le clou ovale placé en travers 14^{kg},45 et 11^{kg},63 à 13^{kg},66 placé en long.

Le clou ovale paraît donc avoir d'une façon générale une résistance d'adhérence un peu supérieure à celle du clou rond, quand il est posé en travers;

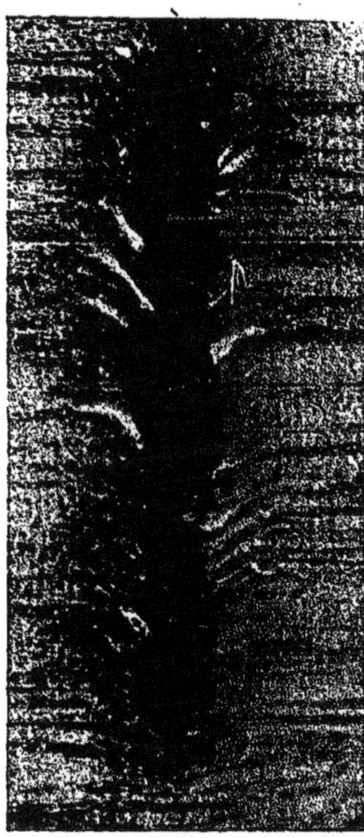

Fig. 236. — Déformation des fibres de bois d'acacia après arrachement d'un clou à tige ovale (5 mm. × 2^{mm},7). (Coupe parallèle au petit axe) (5 diamètres).

Fig. 237. — Déformation des fibres de bois d'acacia après arrachement d'un clou à tige ovale (5 mm. × 2^{mm},7). (Coupe parallèle au grand axe) (5 diamètres).

mais il est probable que cet avantage ne vient pas de la forme de sa section, mais uniquement de la forme de sa pointe, celle-ci est en effet en forme de coin plat et nous en avons vu les avantages. Dans tous les cas, cette plus grande résistance à l'adhérence du clou ovale n'existe que pour le démarrage, c'est-à-dire pour le début de l'arrachement du clou, car aussitôt que celui-ci a glissé légèrement, sa tenue n'est plus supérieure à celle du clou rond ; elle lui est même toujours un peu inférieure.

Mais au point de vue pratique le clou ovale possède sur tous les autres un grave défaut, il plie très facilement, à cause de sa faible épaisseur ; il faut souvent l'arracher, parce qu'il s'est plié au cours de l'enfoncement.

En résumé le clou rond habituel est préférable aux clous à sections carrée, cannelée, triangulaire, ovale, etc., parce que :

1° La section circulaire du fil assure un fini, une régularité de forme de tête et de pointe qu'aucune autre section ne peut atteindre;

2° La fabrication du clou rond est la plus économique;

3° L'emploi du clou rond est le plus commode, il roule le mieux dans les doigts de l'ouvrier, il ne nécessite pas un surcroît d'attention et de soin pour le choix et le maintien de l'orientation, ce qui implique une perte de temps ; aussi l'ouvrier le trouve le plus commode et l'employeur le préfère puisqu'il permet un travail plus rapide et plus économique.

§ 36. — INFLUENCE DES RUGOSITÉS DE LA TIGE DU CLOU SUR LA RÉSISTANCE D'ADHÉRENCE

Clou barbelé. — Sur un clou ordinaire (n° 20), j'ai fait relever, à l'outil et sur deux génératrices diamétralement opposées, des barbes comme on le voit figure 238.

Ce clou barbelé n'a pas son maximum de résistance à l'arrachement au démarrage, mais seulement après avoir glissé suffisamment pour faire prendre ses barbes plus profondément dans les fibres du bois.

Dans un premier morceau de sapin :

Le clou ordinaire n° 20 a donné une résistance à l'arrachement de $3^{kg},93$ par millimètre de tige enfoncé ; le même clou, mais barbelé, a exigé seulement $3^{kg},06$ au début de l'arrachement au démarrage et $4^{kg},40$ après glissement quand les barbes ont été en prise complète avec les fibres du bois.

Dans un second morceau de sapin, le clou ordinaire n° 20 a donné $3^{kg},53$ à l'arrachement et le clou barbelé a donné d'abord $2^{kg},80$ puis enfin $4^{kg},52$. La figure 239 montre la détérioration du morceau de sapin après l'arrachement du clou barbelé.

Dans des bois plus durs l'avantage est resté au clou ordinaire uni et lisse.

Ainsi dans de l'acacia le clou ordinaire a donné $12^{kg},45$ de résistance à l'arrachement par *millimètre de tige enfoncé et le clou barbelé a donné* $10^{kg},55$ au début et $11^{kg},45$ à l'arrachement des fibres.

Dans un morceau de cormier le clou ordinaire a donné $11^{kg},20$ de résistance à l'arrachement par millimètre de tige enfoncé et le clou barbelé a donné $8^{kg},23$ au début et 10 kilogrammes à l'arrachement des fibres.

L'augmentation de résistance à l'arrachement de ce clou barbelé n'existe donc que pour des bois tendres, et dans ce cas elle est peu élevée et n'existe

Fig. 238. — Clou à tige barbelée (5 diamètres).

Fig. 239. — Déformation des fibres de bois de sapin après arrachement d'un clou à tige barbelée (fig. 238) (5 diamètres).

qu'après un premier glissement ; cela tient à ce que la résistance d'adhérence est sensiblement plus faible que pour le clou lisse ordinaire, et que ce n'est que par l'arrachement des fibres que se produit cette petite augmentation de résistance.

Clou strié. — Il était intéressant de savoir s'il était possible d'obtenir une augmentation d'adhérence par des rugosités sans avoir recours à l'arrachement des fibres après un premier glissement du clou ; dans ce but j'ai pratiqué, sur un clou ordinaire n° 20, et à l'aide d'un tiers-point, des petites encoches rapprochées comme on le voit fig. 240. A l'essai d'arrachement dans des bois divers, sapin, frêne, cormier, j'ai toujours obtenu des résistances un peu inférieures à celles que donne le clou lisse ordinaire ; ainsi dans le cormier la résistance du clou ordinaire a été de $13^{kg},48$ par millimètre de tige enfoncé et pour le clou strié elle a été de $12^{kg},28$.

Fig. 240. — Clou à tige striée (5 diamètres).

Fig. 241. — Clou à tige rugueuse (5 diamètres).

Clou rugueux. — Enfin j'ai gravé, sur une tige de clou ordinaire, de légères rugosités en la serrant entre deux limes dans un étau d'ajusteur. La pression de 2 ou 3 000 kilogrammes a produit des empreintes des dents des deux limes, comme on le voit fig. 241.

Dans divers essais effectués avec ce clou rugueux, j'ai pu constater que l'adhérence était moindre qu'avec le clou lisse ordinaire. Ainsi, par exemple, ce clou enfoncé dans un morceau de cormier n'a donné, à l'arrachement, qu'un effort de $12^{kg},61$ par millimètre de tige enfoncé, alors que le clou ordinaire a donné $13^{kg},48$.

On peut donc dire cette fois encore que l'avantage reste au clou ordinaire.

§ 37. — CLOU FILETÉ EN FORME DE VIS A BOIS

Il existe dans l'industrie, spécialement pour la couverture des constructions par tôles ondulées, des clous ayant des filets venus à froid par roulement entre

Fig. 242. — Clou à tige en forme de vis à bois (5 diamètres).

des matrices ce qui leur donne l'aspect d'une vis à bois ; l'avantage de ces clous n'est pas tant de présenter une plus grande résistance à l'arrachement que de permettre de les extraire à l'aide d'un tourne-vis. La figure 242 montre ce filetage au grossissement de 5 diamètres.

J'ai pensé qu'il pouvait être intéressant de connaître la résistance à l'arrachement de ces clous, quoique cette forme ne soit pas donnée pour augmenter cette résistance.

Fig. 243. — Déformation des fibres de bois de sapin après arrachement d'un clou à tige en forme de vis à bois (fig. 242) (5 diamètres).

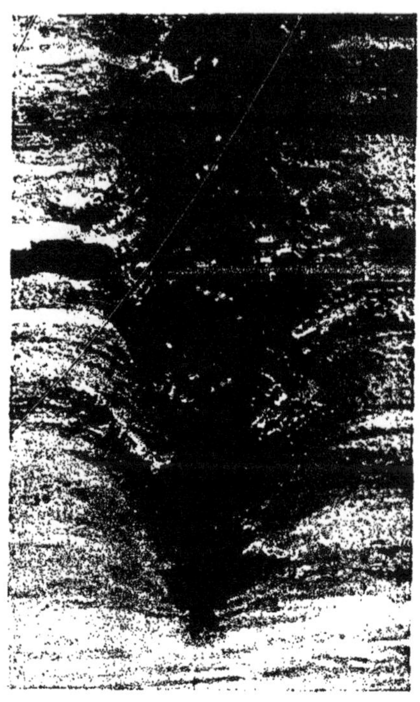

Fig. 244. — Déformation des fibres de bois de frêne après arrachement d'un clou à tige en forme de vis à bois (fig. 242) (5 diamètres).

Le tableau suivant donne le résultat des essais effectués compararativement avec un clou ordinaire de 5mm,20 de diamètre, et un clou en forme de vis à bois, de 5mm,12 de diamètre, dans du sapin, du chêne, du frêne et du hêtre.

Les figures 243 et 244 montrent la déformation du bois après arrachement dans le sapin et le frêne.

L'augmentation de résistance plus sensible pour les bois tendres est insignifiante pour les bois plus durs ; le prix de revient empêche du reste la comparaison pour l'usage courant où la possibilité de dévissage n'est pas à considérer.

	Clou ordinaire de 5mm,20.			Clou en forme de vis à bois de 5mm,12.		
	Pointe. kg.	Enfoncement. kg.	Arrachement. kg.	Pointe. kg.	Enfoncement. kg.	Arrachement. kg.
Sapin A . . .	57,60	4,00	3,32	45	2,80	4,43
— B . . .	48	4,48	1,92	40	4,15	3,10
— C . . .	64	3,20	2,84	57	2,07	3,88
Chêne	154	14,96	12,16 (1)	150	10,40	14,00
Frêne	200	14,40	14,44	140	13 00	14,96
Hêtre A . . .	105	11,20	9,00	105	9.24	10,88
— B . . .	153	9,24	10,24	153	8,34	10,50
— C . . .	160	8,60	9,72	112	8,32	9,98

§ 38. — LA VIS A BOIS

Il peut être utile dans l'industrie de connaître la différence de résistance à l'arrachement de la vis et du clou, non pas qu'en général l'un puisse servir indifféremment pour l'autre, mais dans quelques cas particuliers, l'ouvrier peut n'avoir à envisager que cette résistance.

Dans mes essais précédents j'ai plus spécialement pris le clou n° 20 de $4^{mm},4$ de diamètre comme terme de comparaison ; je suis donc conduit à prendre la vis n° 20 de même diamètre de fil pour faire les essais comparatifs de résistance à l'arrachement. J'ai pris une vis de 50 millimètres de longueur totale comprenant 26 millimètres de longueur filetée, 21 millimètres de longueur de tige unie et $2^{mm},8$ d'épaisseur de tête.

La tête fraisée a un diamètre de $9^{mm},5$ et l'angle de la fraisure est voisin de 90°.

Le pas du filetage est de $2^{mm},2$ soit la moitié du diamètre du corps de la vis ; il y a 11 filets et le onzième est le raccord conique du noyau au diamètre de $3^{mm},2$ avec le corps de la vis au diamètre de $4^{mm},4$. La profondeur du filet est de $0^{mm},7$. La section du fût est de $15^{mm^2},20$ et celle du noyau de $8^{mm^2},04$.

La figure 245 montre au grossissement de 5 diamètres la partie filetée de cette vis et la figure 246 la coupe de cette partie de la vis.

La figure 247 montre une coupe au travers chêne et vis pour montrer la déformation des fibres du bois par le filetage de la vis, et la figure 248, le logement de la vis dans le bois.

Les figures 249 à 252, les déformations dans le sapin, le chêne, le frêne, le cormier, après arrachement de cette vis. Des essais d'arrachement effectués successivement avec 6, 8 et 10 filets ont montré que la résistance à l'arra-

(1) Probablement fissuré légèrement.

chement est à peu près proportionnelle au nombre de filets engagés.

Fig. 245. — Tige de vis à bois n° 20 (5 diamètres).

Fig. 246. — Coupe de tige de vis à bois n° 20 (5 diamètres).

La résistance par filet a été :

Pour du sapin	$23^{kg},5$	ce qui correspond à	$10^{kg},7$	par mm.	de longueur	de vis engagé
— chêne	37,15	—	16,9	—	—	—
— hêtre	42,40	—	19,3	—	—	—
— *cormier*	44,80	—	20,4	—	—	—
— frêne	50,00	—	22,7	—	—	—

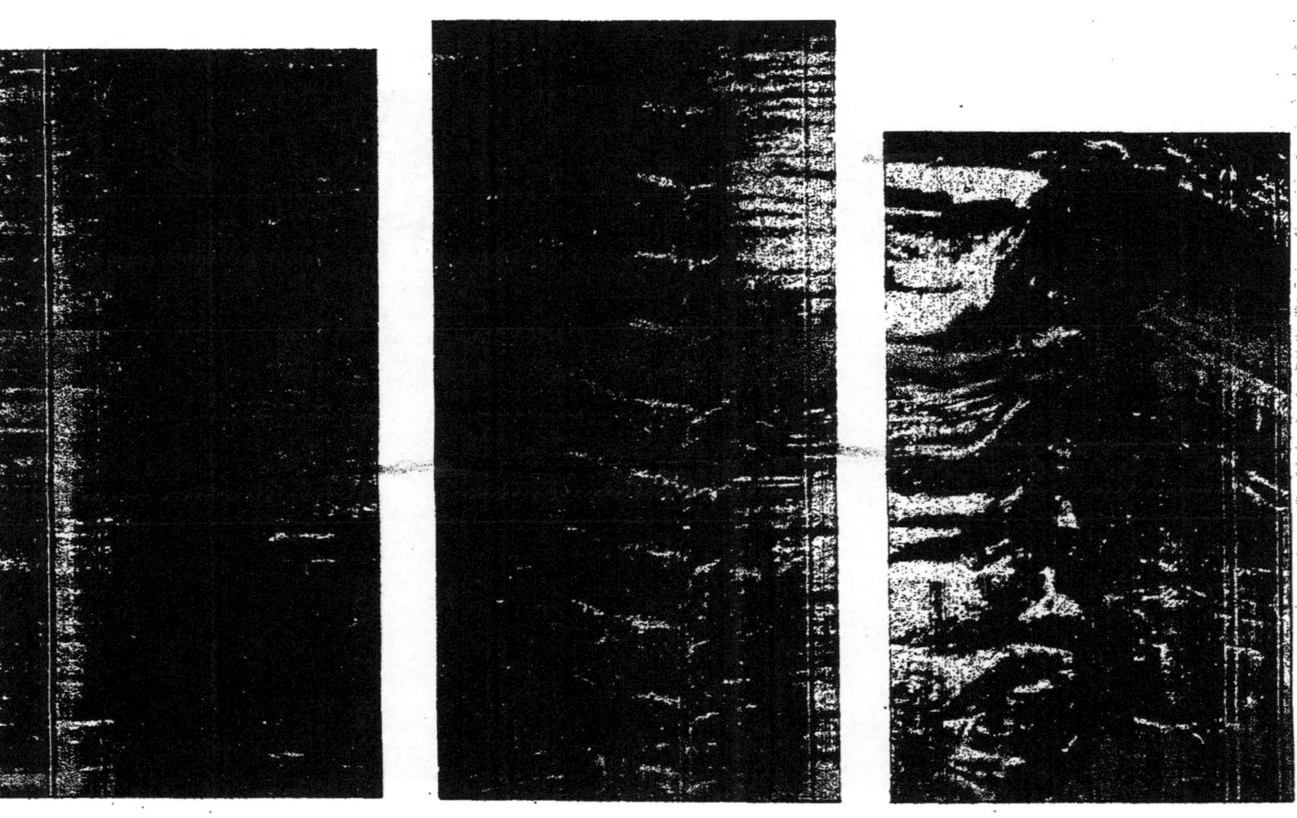

Fig. 247. — Coupe de tige de vis à bois enfoncée dans du chêne.

Fig. 248. — Logement d'une vis à bois dans du chêne.

Fig. 249. — Déformation des fibres de bois de sapin après arrachement d'une vis à bois (fig. 245).

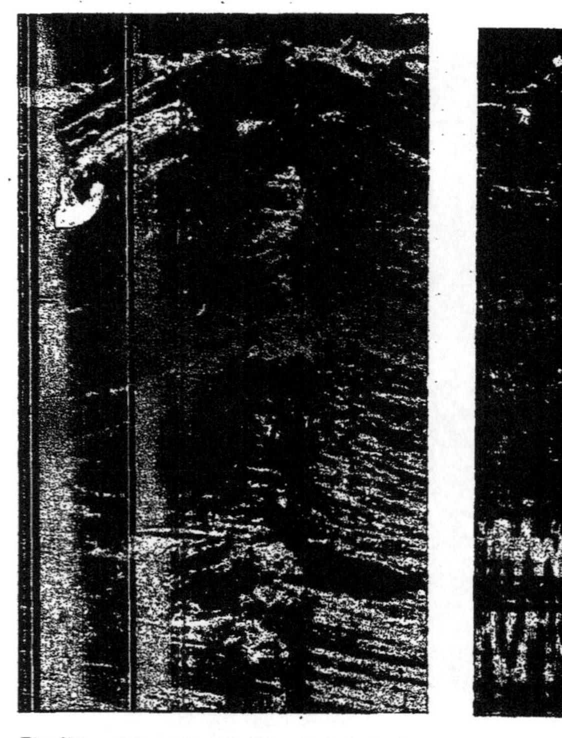

Fig. 250. — Déformation des fibres de bois de chêne après arrachement d'une vis à bois (fig. 245).

Fig. 251. — Déformation des fibres de bois de frêne après arrachement d'une vis à bois (fig. 245).

Fig. 252. — Déformation des fibres de bois de cormier après arrachement d'une vis à bois (fig. 245).

Or si l'on rapproche ces chiffres de ceux qui représentent la moyenne dans les essais précédents, et qui sont :

3^{kg},70 par mm.	de longueur	de tige	engagé pour le	sapin.
7 à 9 kg.	—	—	—	chêne.
10 kg.	—	—	—	hêtre.
13 kg.	—	—	—	cormier.
14 kg.	—	—	—	frêne.

On en peut conclure que la résistance à l'arrachement de la vis enfoncée

dans du	sapin	est environ	3 fois celle du clou.
—	chêne	—	2 fois —
—	hêtre	—	
—	cormier	—	1 fois 1/2 —
—	frêne	—	

§ 39. — ARRACHEMENT DES CLOUS

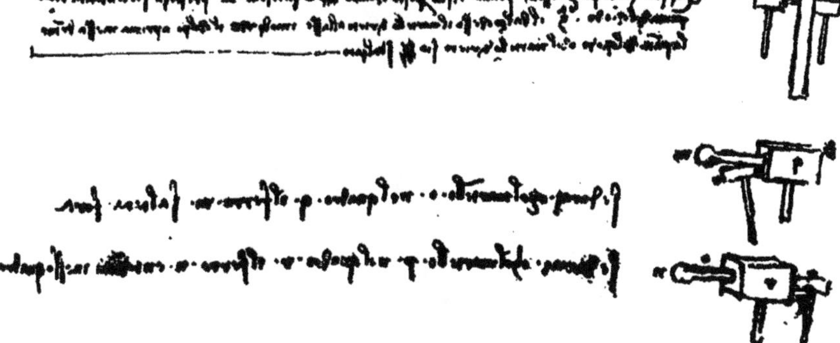

Fig. 253. — Notes manuscrites de Léonard de Vinci relatives à l'enfoncement et à l'extraction d'un clou.
(Manuscrit C (en 1490). T. III, folio 5, verso).

1° Ici le coup fait trois effets : d'abord, son prompt contact qui fait le son ; 2° la vitesse, qui fait l'entrée de la pointe du clou ; 3° le bond que fait le marteau en arrière de l'ais, en sorte que le coup a fait entrer la pointe du clou avant que le marteau ait bondi en arrière.

2° Coup. — Si tu donnes, avec le marteau O, dans le carré (cube) *q*, le fer *m* sautera au dehors.

3° Si tu donnes, avec le marteau *p*, dans le carré (cube) *r*, le fer *n* entrera dans ce carré.

(Traduction de Ch. Ravaisson-Mollien.)

Comme nous l'avons vu, pour arracher un clou, même de petite dimension, l'effort nécessaire est beaucoup plus grand que celui qu'un ouvrier peut produire en agissant directement avec ses doigts, comme nous opérons, par exemple, pour détacher une punaise qui fixe une feuille de papier.

Il faut donc, pour arracher les clous, se servir d'un outil, d'un levier qui

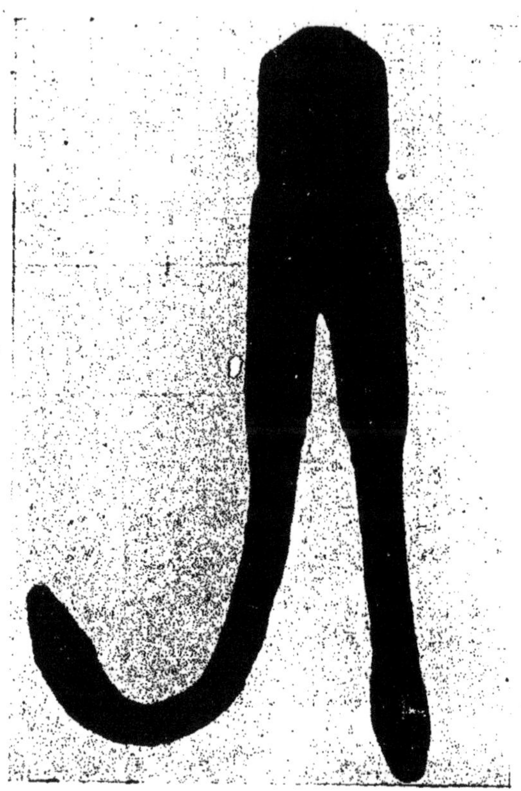

Fig. 254. — Ancienne tenaille en fer. Musée de Saint-Germain.

permet, avec l'effort relativement faible de l'opérateur, d'obtenir sur le clou une traction suffisante.

Le levier employé, pour opérer cette traction du clou, est un levier du premier genre, c'est-à-dire que le point d'appui est placé entre les points d'application de la force mouvante : la main, et de la force résistante : le clou.

Cet outil, qui se compose de deux mors articulés : les tenailles, a son origine dans la tenaille de forge, j'en donnerai une petite étude dans la monographie de l'*étau*.

Les tenailles à clou sont, dans certains métiers, appelées tricoises (tenailles à la Turque) pour éviter toute confusion avec la tenaille de forge.

La figure 254 est la photographie d'une ancienne tenaille en fer exposée au musée de Saint-Germain dans une des vitrines des outils en fer gallo-romains (1).

La figure 255, extraite d'un ouvrage de mécanique du commencement du XVIIe siècle, montre les trois outils employés pour arracher les clous;

1° Le pied-de-biche ;

2° La tenaille ;

3° Le marteau à panne courbe et fourchue. L'auteur a joint un tracé schéma-

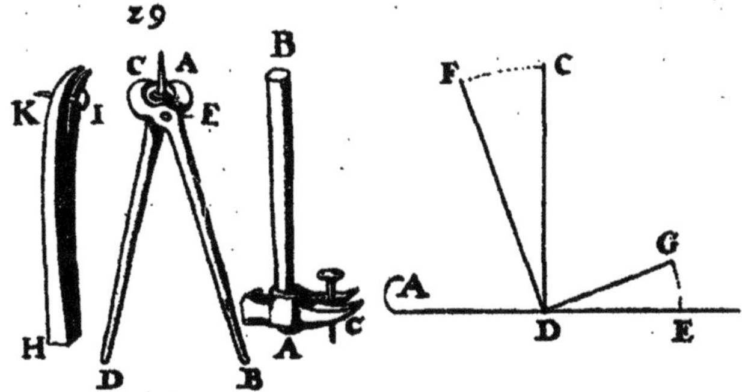

Fig. 255. — Arrachement d'un clou à l'aide du levier (pied-de-biche, tenaille-tricoise, marteau à panne fourchue) Danielem Mögling (Francfort-sur-Mein, 1629).

tique du levier agissant de la même manière avec ces trois outils. Or ce tracé n'est pas exact ou tout au moins pas complet, parce qu'il ne tient pas compte que, dans ces outils, le point d'appui se déplace pendant l'opération ; or ce déplacement a pour conséquence le changement de longueur du petit bras du levier, tandis que la longueur du grand bras ne varie pas sensiblement; le rapport des longueurs des bras de levier change donc et par suite celui des efforts.

On sait d'ailleurs que le rapport des courses de la main et du clou est en raison inverse du rapport des efforts correspondants; la course du clou, c'est-à-dire la longueur extraite, est courte, ce qui oblige l'ouvrier à se reprendre,

(1) Cette tenaille à mors plats et justes, avec une branche courbée et les extrémités en olives, laisse penser aux tenailles de banc à tirer du XVIe siècle. — On ne voit pas comment on pourrait serrer dans cette tenaille les têtes des clous forgés gallo-romains; les mors justes et plats conviennent au contraire très bien pour tenir une bande mince du métal; et les branches paraissent faites pour être serrées par un anneau. L'axe de rotation des deux branches est fait d'un boulon à vis avec écrou à pans, procédé que je n'ai jamais vu à l'époque gallo-romaine.

c'est-à-dire qu'après avoir fourni une course aussi grande que possible, il desserre sa tenaille et va serrer le clou plus loin, à fleur du bois, tire aussi loin que possible en inclinant sa tenaille et recommence jusqu'à l'extraction complète. Pendant ces tractions successives la tenaille roule sur la surface du bois sur laquelle elle s'appuie et le clou se courbe au fur et à mesure qu'il sort.

Quand on opère avec un pied-de-biche ou un marteau à panne fourchue, ces deux outils devant toujours presser au même endroit du clou, sous la tête, l'ouvrier se reprend en mettant des cales d'épaisseur croissante sur lesquelles pose l'outil.

§ 40. — MESURE DU RAPPORT VARIABLE DES DEUX BRAS DE LEVIER DE LA TENAILLE

Il peut être intéressant, sinon indispensable, d'évaluer le rapport des deux bras de levier de la tenaille.

La face extérieure de chacun des deux mors de la tenaille est ajustée suivant une surface courbe, de telle sorte qu'au fur et à mesure que l'opérateur tire sur les deux branches, le mors qui porte sur le bois s'incline graduellement et le point d'appui se déplace en s'écartant du clou, le petit bras du levier augmente de longueur, et le rapport des deux bras diminue.

Les tenailles sont de dimensions différentes et la courbure de la surface extérieure des mors varie d'une tenaille à une autre. Les mesures obtenues pour une tenaille essayée ne sont donc pas les mêmes pour toutes les tenailles, même lorsqu'on en compare de mêmes dimensions.

Pour évaluer le rapport variable des deux bras de levier de la tenaille il faut déterminer la distance des points d'appui successifs au clou en fonction de la course d'arrachement du clou ; c'est-à-dire qu'il faut sur un plan faire mouvoir la tenaille et mesurer, par exemple de millimètre en millimètre, 1° la distance du point d'appui de la tenaille à l'axe du clou, 2° la hauteur de sortie du clou correspondante.

Un palmer spécial qu'on trouve dans le commerce est d'ailleurs très commode pour effectuer ces mesures avec une précision suffisante.

La figure 256 montre le principe du procédé de mesurage :

L'opérateur place transversalement la réglette divisée en l'appliquant sur la surface supérieure des deux mors, le corps du palmer est ainsi placé dans l'axe longitudinal de la tenaille. En tournant la vis du palmer pour que la pointe touche le fond de la cavité angulaire produite par les deux tranchants des mors, on a avec précision la mesure de la profondeur de cette cavité.

Puis, tournant à nouveau la vis du palmer sans en déplacer la pointe, et en maintenant en contact avec la surface extérieure d'un des deux mors la partie afférente de la réglette divisée, on a sur la réglette la mesure de la distance du point de contact de la tenaille à l'axe central des mors, c'est-à-dire la

Fig. 256. — Procédé de mesurage pour déterminer le rapport des deux bras de levier d'une tenaille-tricoise en fonction de la course d'arrachement d'un clou.

longueur du petit bras de levier de la tenaille et sur le palmer la longueur

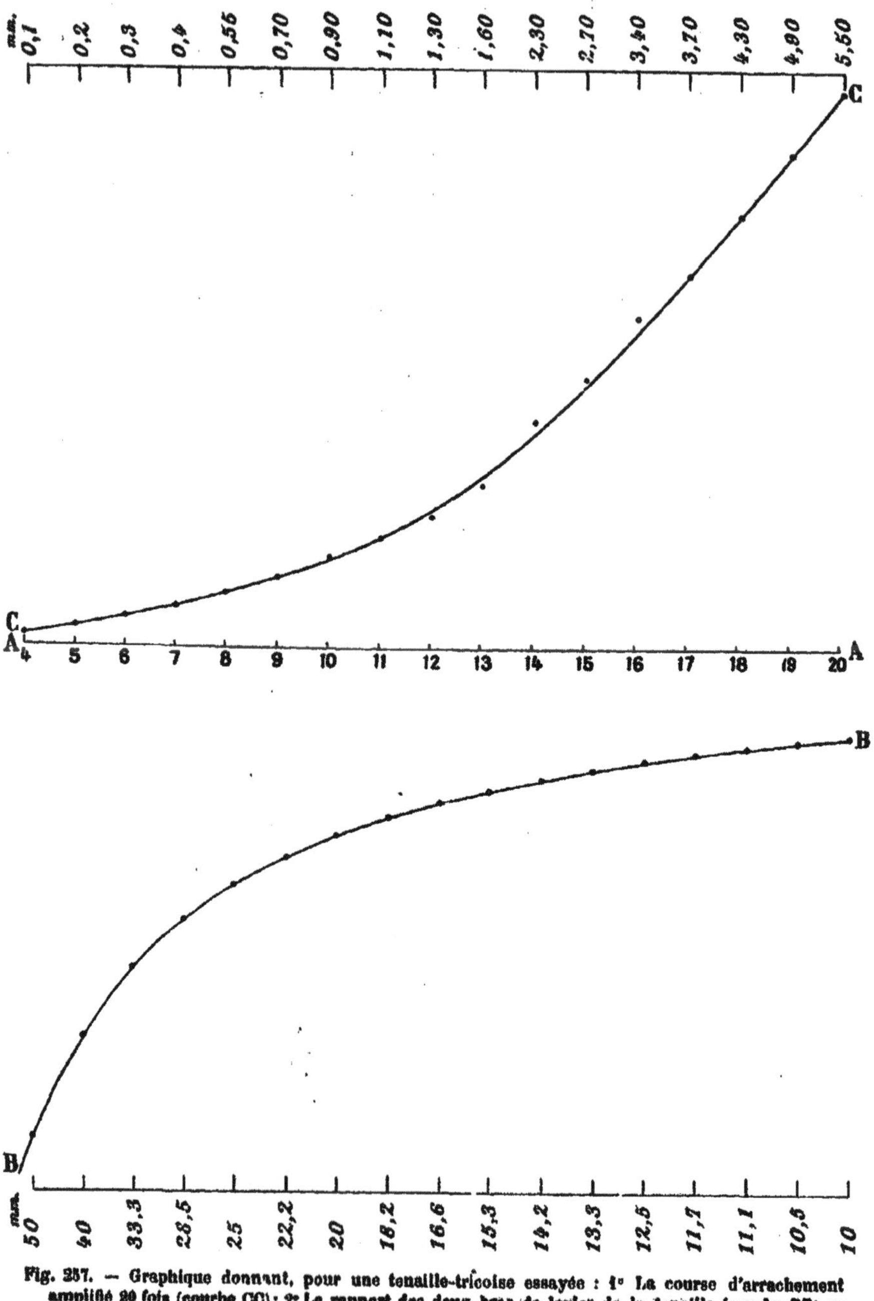

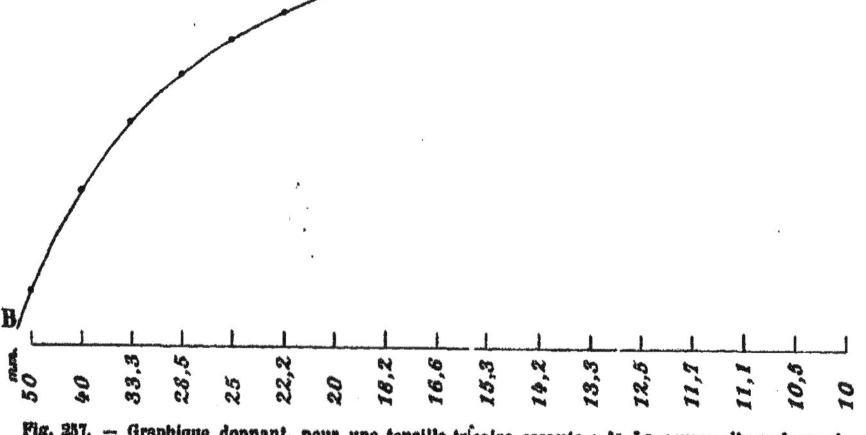

Fig. 257. — Graphique donnant, pour une tenaille-tricoise essayée : 1° La course d'arrachement amplifiée 20 fois (courbe CC) ; 2° Le rapport des deux bras de levier de la tenaille (courbe BB) en fonction de la longueur croissante du petit bras de levier portée en abscisse sur la ligne AA.

correspondante de la course de sortie du clou pour le point de contact considéré du mors.

Pour la commodité de l'opération, on peut, renversant l'ensemble, maintenir verticale la tenailles ses mors en haut et ses branches serrées dans un étau d'ajusteur de façon que l'opérateur ait ses deux mains libres pour faire fonctionner le palmer.

Comme ces mesures demandent assez de soin et qu'elles sont susceptibles de certains écarts par suite de la difficulté relative de la fixation du point de contact de la réglette, il est bon de tracer un graphique, la courbe alors obtenue rectifiant les petits écarts possibles.

La figure 257 montre, pour une tenaille essayée, le graphique de ces mesures.

Sur la ligne des abscisses A A, sont tracées, à égale distance l'une de l'autre et à une échelle quelconque, des divisions représentant les millimètres lus sur la réglette divisée ; ces abscisses représentent donc la longueur du petit bras de levier de la tenaille ; en ordonnées correspondant à ces divisions, sont portées, à une échelle donnée, les mesures lues sur le palmer et donnant la longueur de sortie du clou ; après avoir marqué par points ces mesures, on trace la courbe continue C C qui rectifie les petits écarts provenant d'erreur de lecture ou d'erreur de détermination du point de contact. La courbe BB donne le rapport des deux bras de levier pour chaque point considéré de la ligne AA. Ce graphique variant avec la forme de la courbure extérieure des mors ; on peut à des élèves en proposer le tracé pour une tenaille quelconque, comme exercice pratique de mécanique appliquée.

Si l'on remarque, dans cette expérience, que lorsque la réglette est en contact avec la surface extérieure de mors au 4e millimètre, c'est-à-dire que le petit bras de levier est de 4 millimètres, la distance correspondante pour la course d'arrachement n'est que de 1 dixième de millimètre, et que la moindre déformation soit de la tête du clou par le tranchant du mors, soit du bois par l'affaissement sous la pression, est plus grande que ce dixième de millimètre, on admettra qu'il suffit de commencer les mesures à cette longueur de 4 millimètres.

TABLE DES MATIÈRES

Paris. — Typ. Philippe Renouard, 19, rue des Saints-Pères. — 81197.

www.ingramcontent.com/pod-product-compliance
Ingram Content Group UK Ltd.
Pitfield, Milton Keynes, MK11 3LW, UK
UKHW022108190726
13855UKWH00002B/724